IBMの思考とデザイン

山崎 和彦

工藤　　晶

柴田 英喜

丸善出版

まえがき

　近年、「デザイン」という言葉を経営やビジネスの世界でよく耳にするようになりました。欧米の企業では、デザインの重要性を認識し、デザイン的な思考を経営や組織改革に活用しています。

　日本では「デザイン」というと色や形のことと認識されることが多いのですが、欧米ではデザインを「問題を解決したり、新しい提案をするのに役立つ、誰にとっても活用できるアプローチ」と理解されており、近年のデザイン的な思考を活用しようという潮流につながっています。

　どのような企業でも、創業当時は物事を広くとらえる必要があり、経営者や社員はそれぞれ思考して、デザインして、ビジネスに結びつけてきました。しかし、社会の変化に伴って、思考、デザイン、ビジネスがそれぞれ独立して専業化し、多くの企業ではこのやり方に則ってきましたが、より複雑化する現代社会ではそれも通用しなくなってきています。そこで今必要なことは、経営者と社員がもう一度、思考して、デザインして、ビジネスに結びつける、という企業・組織変革といえるのではないでしょうか。

　本書では、これまで別々に語られることの多かった経営者やデザイナーの思考と、ビジネスにおけるデザインの役割について、IBMの事例を通してみていきます。同社はビジネスのみならず研究開発も軸足の一つとしていますが、ここではビジネスにフォーカスして話を進めます。

　まず、序章で全体の流れを俯瞰したあとに、前半の1章、2章、3章では創業期、再生期、革新期を、後半の4章と5章では変革・飛躍期について解説します。それぞれの時期において「経営の思考とビジネス」「思考とデザイナー」「思考とデザイン手法」という3つの視点から「経営と

デザインの深いつながり」をあぶりだしていきます。そして終章では、ノンデザイナーである全社員がそれぞれのプロジェクトに対して思考し、デザインし、そしてビジネスに結びつけていく理想像を描いています。

　1章から順に創業期、再生期、革新期、変革・飛躍期における思考、デザイン、ビジネスの変遷を、ストーリーをたどりながら読んでもおもしろいですし、目次の中から興味のあるキーワードを見つけて拾い読みしても構いません。いずれにしましても、岐路に立つ経営者、チームにデザインの思考を取り入れたいマネージャー、仕事に役立つデザインの方法論を知りたい企画・開発担当者、時代の半歩先をとらえたいマーケター、新しい製品・サービスを開発したいエンジニア、ビジネスにより一層貢献したいデザイナー、スタートアップや新規事業に関わるビジネスパーソンにとって、思考とデザインをとらえ直すヒントとなる一冊です。

　最後になりましたが、本書は3人の著者とそれを支える丸善出版の渡邊康治さん、デザイナーの竹内公啓さん、そして多くの協力者によって完成することができました。協力していただいた皆さまに深く感謝します。

2016年8月1日

著者を代表して　山崎　和彦

目　次

序章　思考、デザイン、ビジネスとは　　　　　1

1. 思考、デザイン、ビジネスの関わり　　　　2
欧米で活用されるデザインの思考

デザインの本来の意味

2. 思考、デザイン、ビジネスとIBM　　　　4
第 1 段階：デザインプログラムの構築

第 2 段階：ブランドの再生とユーザーセンタード・デザインの導入

第 3 段階：ユーザーエクスペリエンスデザインの実施

第 4 段階：企業全体まで行き渡らせるデザイン改革

第1章　ワトソン・ジュニアの思考　　　　9

1. THINKという思考　　　　10
ワトソン・シニアの思考

IBMとTHINK

THINKの展開

2 重の思考

2. Good Design is Good Business　　　　13
グッドデザインの重要性

オリベッティ社の経営者とデザイン

エリオット・ノイズとの出会い

デザインプログラムの開始

ポール・ランドとチャールズ・イームズ

建築のデザイン

グッドデザインの貢献

人のためのデザイン

スマイル

思考とデザインのコラボレーション

3. ポール・ランドの思考 ———————————— 23

IBMのロゴ

文化としてのデザイン

デザインと品質

コンテンツのデザイン

もう一つのロゴ

デザインのビジネス価値

第2章　人間中心のデザインの思考 ———————— 31

1. 企業の再生とデザイン ———————————————— 32

ルイス・ガースナーの思考

UCDとIPDの導入

日本でのUCDの導入

2. 人間中心のデザインの導入 ———————————— 36

人間中心のデザインとは

HCDのプロセス

HCDの手法

HCDのチーム

企業と個人における人間中心デザインの思考

3. リチャード・サッパーの思考 ———————————— 40

リチャード・サッパー

ストーリーをデザインする

長く使えるデザイン

ユーザーという視点

紙でつくる模型

デザインは文化

サッパーの思考とHCD

第3章　ユーザーエクスペリエンスの思考　　51

1. ユーザーエクスペリエンスを考慮したデザイン　　52

サム・パルミサーノの思考

ユーザー体験を考慮したデザイン戦略へ

ユーザーエクスペリエンス・デザインセンターの設立

2. ユーザーエクスペリエンスのアプローチ　　56

UXデザイン

UXデザインの3つの視点

UXデザインのプロセス

3. イームズ夫妻の思考　　59

イームズ夫妻

もてなしの精神

「マスマティカ展」のデザイン

IBMパビリオンのデザイン

「コンピューター・パースペクティブ展」のデザイン

映像のデザイン

もてなしの精神とUX

4. デジタルサイネージの事例　　66

UXを考慮したHCDのアプローチ

ユーザーセグメントの設定

主要ペルソナの選定とペルソナの詳細化

コンセプトデザイン

詳細プロトタイプの作成

UXを支える思想

vii

第4章　デザインによる企業改革　　73

1. 新たな旅の始まり　　74
ジニー・ロメッティの思考

社員の議論による行動規範の創造

IBM デザインの始まり

2. 企業改革に必要な3つの要素　　78
人々（People）

手法（Practice）

場（Place）

3. IBM デザイン思考　　82
原理原則

終わりのないループ

3つの鍵

デザイン思考とアジャイル開発を組み合わせる

4. デザイン文化を定着させる仕組み　　112
IBM デザインキャンプ

重要なプロジェクトで実践する

デザイナーのキャリアパス

顧客への適用

第5章　現場で活かすデザイン思考　　123

1. 経営層の関心　　124
CMO の視点

2. デザイン思考の適用　　126
航空会社におけるウェアラブル端末向けカウントダウンアプリケーションの事例

保険会社におけるタブレットを活用した販売支援システムの UX デザイン事例

3. 事例からのまとめ　135

ユーザーの成果に焦点をあてる

多彩なチームをつくる

絶え間なく進化する

デザインの対象―誰もがユーザー

プロジェクト期間―とにかくリスクを減らす

開発手法―ウォーターフォール型開発にもデザイン思考を

4. 顧客起点のアプローチとしてのデザイン思考　141

より優れた顧客体験とは

デジタルがあたり前

より優れた顧客体験を創出するには

終章　未来に向けて　143

1. 変わらないものと変わり続けるもの　144

本質的な思想

経営の思想とデザインの思想

2. ノンデザイナーのためのデザイン思考　146

デザインの誤解、デザイン思考の誤解

デジタル時代こそユーザー体験

戦略の要としての顧客体験

引用文献　151
著者紹介　153

序章

思考、
デザイン、
ビジネスとは

ⅠBMの思考とデザイン

	1956—	1993—	2002—	2012—
思考	 ワトソン・ジュニア	 ルイス・ガースナー	 サム・パルミサーノ	 ジニー・ロメッティ
デザイン	デザイン プログラム	ユーザーセンタード・ デザイン	ユーザー エクスペリエンス	IBMデザイン思考
ビジネス	コンピュータ	e-ビジネス	オンデマンド・ ビジネス	コグニティブ・ ビジネス

1. 思考、デザイン、ビジネスの関わり

　「デザイン」という言葉をさまざまなところで耳にするようになった背景には、市場のグローバル化、顧客ニーズの多様化、製品ライフサイクルの短期化、諸分野における技術革新、国際情勢の不安定化、金融リスクの増大といった要因が複雑に絡み合い、企業を取り巻く状況が年々厳しくなっていることが考えられます。

　従来のビジネスモデルや経営手法だけでは、このような社会環境の変化に柔軟に対応することが難しくなる中で、デザインの潜在力とその可能性に活路が見出されています。

●欧米で活用されるデザインの思考

　製品・サービスのイノベーションのためにデザイン分野で培われた思考法をビジネスに活用する企業が、特に欧米では多くなってきています。こうした企業の経営者はデザインの重要性を認識しています。経営やビジネスにデザインプロセスを活用したり、意思決定にデザイン的な思考を採用したり、新たにデザイン部署を設立したり、外部のデザイン会社を買収したりするといった取組みを進めています。また、イノベーションのためには社員全員がデザイナーになる必要がある、と説く経営者もいます。

　日本でも欧米と同じようにデザインの思考を取り入れた企業の取組みがみられますが、そもそも「デザイン」という言葉のとらえ方に課題があり、なかなか社会には広く浸透していません。

●デザインの本来の意味

　日本でデザインというと、「デザイナーが色や形をセンスよくまとめることやまとめたもの」という「狭義のデザイン」を指す場合が多いと思います。このようなデザインの役割は、スタイリングのためのデザインにとても近いといえます。

　しかし、デザイン（Design）の本来の意味は、「従来の記号（sign）を否定・分解（de）すること」であり、決してスタイリングだけにとどまっているわけではありません。デザインを「問題を解決したり、新しい提案をするのに役立つ、誰にとっても活用できるアプローチ」（広義のデザイン）ととらえると、これは「デザイン思考」と同様の概念であるといえます。デザイン思考をビジネスの現場で実践して成果を出している欧米の企業は、デザインを広義のデザインととらえている場合が多いのです。

　デザインの本来の意味は「従来の記号（sign）を否定・分解（de）すること」と述べました。「記号（sign）」は無形のものに意味を与えて「形をつくる」ことであり、形づくられたその成果物が社会に流通して交換されることで「ビジネス」となります。また、「否定・分解（de）」は現状を鵜呑みにせずに批評的にみる視点を持つこと、すなわち「思考」ととらえることができます。

　このように「デザイン」には「ビジネス」と「思考」という側面が潜在的に備わっており、この三者の間には何かしらの関わりがあることに気づきます。

2. 思考、デザイン、ビジネスとIBM

　「思考」「デザイン」「ビジネス」の間には、どのような関わりがあるのでしょうか。そこで、本書ではこれらの関係性をうまく考慮して成功を収めてきたIBMの事例を中心に解説していきます。

　IBMは、もともとは秤（はかり）やタイムレコーダー、会計機などを製造していた小さな会社から始まり、今や全世界に社員を抱えるグローバル企業となりました。「THINK」という思考を原点に、デザインを活用してビジネスを軌道に乗せています。ここでは本書全体の流れを俯瞰することも兼ねて、時代の変化に対応したIBMにおける「思考」「デザイン」「ビジネス」の関わりとその変遷について紹介していきます。

● 第1段階：デザインプログラムの構築

　IBMは1911年にトーマス・J・ワトソン・シニアによって創業されました。秤やタイムレコーダー、会計機などの製品を製造していました。1956年にワトソン・シニアの息子、ワトソン・ジュニアが会長兼最高経営責任者に就任し、ビジネスとデザインの創生に関わり始めました。

　ワトソン・ジュニアは「粗悪な商品をグッドデザインによって良くすることはできない。しかしグッドデザインによって、商品の可能性を最大限にすることができる。簡単にいってしまえば、良いデザインは良いビジネスになる（Good design is good business）」と語り、デザインを重要な経営資源としてとらえていました[1]。また、「良いデザインは人の役に立つということなのだ。それ以外の何物でもないのです。それは

まず人間のことを考えていなくてはいけません。人間とは、社員や自社製品を使用するお客様のことです」といい、人間中心の考え方についても大切にしていました[1]。

　1960年代はIBMの名前が社会にあまり認知されていない時代でした。そこで、デザインに求められる役割の一つは企業ブランドを確立することでした。そのためのデザイン戦略は「デザインプログラムの確立」でした。社外の優秀なコンサルタントやデザイナー、人間工学の専門家を社員として採用し、デザインプログラムの検討を始めました。この取組みは結果として、ブランド、ロゴタイプ、印刷物、製品デザインから建築デザインまでを包含した総合的なデザイン戦略に結実しました。

● 第2段階：ブランドの再生とユーザーセンタード・デザインの導入

　1990年代に入り、IBMは売上げが減少し、利益も出なくなる深刻な状況に直面していました。1993年、この状況を変革するためにルイス・ガースナーが会長兼最高経営責任者に就任し、「e-ビジネス」というネットワークコンピューティング時代のビジネスを提案しました。これまでの「IT（情報技術）製品ビジネス」から「ITサービスビジネス」への変革です。

　この変革に対応するために、IT製品だけでなく、サービスまでの全体を考慮したユーザーセンタード・デザイン（User Centered Design：UCD）の導入と企業ブランドの再構築を行いました。UCDとは、顧客が満足する製品やサービスのデザインを目指して「人間中心のものづくり」の概念を体系的に具現化した手法です。ユーザーをデザインプロセスの中心に据えることで、適切で使いやすい製品やサービスの提供を目

指しています。この新しいデザイン戦略が企業再生の原動力の一つとなりました。

1993年からは、市場で最も受け入れられる製品開発を効率的に行うために、統合製品開発（Integrated Product Development：IPD）を導入しました。このプロセスの中で、UCDを製品開発における重要な取組みの一つととらえ、その活動を推進してきました。

● 第3段階：ユーザーエクスペリエンスデザインの実施

2000年代に入り、これまでのITビジネスから次世代の新しいビジネスへの変革が迫られるようになってきました。2002年にサム・パルミサーノがCEOに就任し、「オンデマンド・ビジネス」という次世代のビジネスための革新を始めました。

それまでのIBMは、ITに関連する製品やサービスを統合した「ITビジネス」の企業でしたが、「企業変革ビジネス」を提供できる企業に変わろうとしました。その際にデザインに求められる役割は「企業変革ビジネス」への貢献です[1]。

デザイン戦略では、ITに関連する製品やサービスのデザインにとどまらず、ユーザーが体験することを統合的にデザインし、ユーザーが満足できる体験を達成することを目指しました。これはユーザーエクスペリエンスデザイン（User experience Design：UXデザイン）と呼ばれます。製品単体に焦点をあてていた「モノ」中心のデザインから、顧客の総合的な体験を考慮した「コト」中心のデザインへの変革です[1]。

そして、ハードウェア、ソフトウェア、Webサイトに対して、ユーザーの体験を考慮したUXデザインという総合的なデザインアプローチを始

めました。その背景には、顧客満足度のさらなる向上に加えて、製品だけでなくサービスまでをも含めた顧客への総合的なサポートを行うというビジネスの方向性の変革があります。実際に、UXを考慮したデザインを導入するために、デザインプロセスやデザイン手法の確立、ユーザーエクスペリエンス・デザインセンターの設立、人材育成などに取り組んでいます。

●第4段階：企業全体まで行き渡らせるデザイン改革

　2012年、ジニー・ロメッティが社長兼CEOに就任して間もなく「すべての企業にとって最も重要な成功の鍵は、カスタマーエクスペリエンスである」と表明しました。そして、デザインによる改革を社内のすべてに行き渡らせることが目標となったのです。

　デジタル時代において、企業は顧客体験をどのようにとらえるべきでしょうか。また、顧客に価値のあるものを提供するために企業はどうならなければならないでしょうか。これに対する一つの答えとして、IBM Design部門を設立し、デザイナーの採用、創造性を刺激するIBM Studiosの開設を通して、共通言語としてのIBMデザイン思考を確立しました。

　それは、37万人を超える全社員に顧客中心主義を浸透させるためのとてつもない長い旅の始まりともいえます。そのためには、デザイン思考をデザイナーの思考ツールから、すべての社員の思考ツールへと昇華させることが必要になります。デザイナーだけでなく、営業、コンサルタント、エンジニア、リサーチャーといった職能や考え方の異なる人々が、それぞれ独自の視点を持ちながら、顧客にとって価値あ

7

るものをつくり出していかなければなりません。そのための共通言語、共通の手法を据えたのです。

　また、デザイン思考をアジャイル開発と融合させている点が、第4段階のもう一つの特徴といえます。昨今、多くの企業が破壊的テクノロジーによって、業界の垣根を超えた競争環境にさらされています。今まで以上に素早く行動し、そこから学び、修正していかなくてはなりません。観察、熟考、プロトタイプの創作、そこから得た学びを活かして再び観察、熟考、修正を短い期間で繰り返していきます。このような終わりのないループに粘り強く取り組む時代になったのです。

　さて、それではいよいよ本編に入っていきましょう。1章ではワトソン・ジュニアの思考を中心として、デザインとビジネスを巡る創業期のストーリーをみていきます。

第1章

ワトソン・ジュニアの思考

IBMの思考とデザイン

1. THINKという思考

デザインとビジネスの関係性を考えるとき、その主体となる人の「思考」が大切な役割を果たしています。ここでは、経営者の思考とデザイナーの思考を中心として、これらのコラボレーションとその影響をみていきましょう。

● ワトソン・シニアの思考

IBMの初代会長であるトーマス・J・ワトソン・シニア（Thomas John Watson, Sr.：図1）は、1874年に米国ニューヨークに生まれました。さまざまな職種を経験した後、1896年にNCR社に販売見習いとして採用されました。そして1911年のある日、NCR社の営業部長として働いていた彼は「THINK（考えよ）」というスローガンを社内に掲げ、「われわれ全員が抱えている問題は、十分に考えようとしないことだ」、「知識は思考の結果であり、思考はビジネスの分野を問わず成功の基礎を成すものだ」とみんなに伝えました[1]。彼はこのとき以降、「THINK」を会社のスローガンにすることを決め、「THINK」と書いた紙を社内の壁に貼るように部下に伝えたのです。

1914年、ワトソン・シニアはニューヨーク市にあるC-T-R社（Computing-Tabulating- Recording Company）に転職しました。C-T-R社の所在

図1.
トーマス・J・
ワトソン・シニア

地はニューヨーク、ワシントンD.C.、オハイオと地理的に離れていました。そこで彼は、この3つの組織を1つにまとめるために、統一した信念が必要であると考えたのです。そして、NCR社のときに採用したスローガンである「THINK」をC-T-R社の社是にしました。このスローガンはC-T-R社にふさわしいものとなり、作業員から技術者、販売員、秘書にいたるまで、すべての従業員が「考える人」になるように奨励しました。

図2. IBMのロゴ（1924年）

図3. THINKのプレート

● IBMとTHINK

　1924年、C-T-R社はIBM（International Business Machines Corporation：図2）に社名を変更しました。新しく生まれ変わったIBMを1つに結びつけるために、彼は「THINK」というスローガンを一層広めていきました。オフィス内の壁や机の上などのいたるところに「THINK」と書かれたサインやプレートが置かれました。初期のプレートは、太字のチェルテナム体の大文字で白地に黒く印刷されていました（図3）。このプレートは壁に掛けるか、専用の木製スタンドに入れて机に置くようにつくられていました。

　また、他言語の「THINK」のプレートは、1950年までに79か国の言葉に訳され、各国のIBMオフィスで印刷されていました（図4）。

　そして「THINK」を基本にしながら、「個人の尊重」「最善の顧客サービス」「完全性の追求」の3つの基本的信条を従業員の行動指針としました。特に「個人の尊重」という考えは、社内の方針などに浸透していきました。社員の教育プログラ

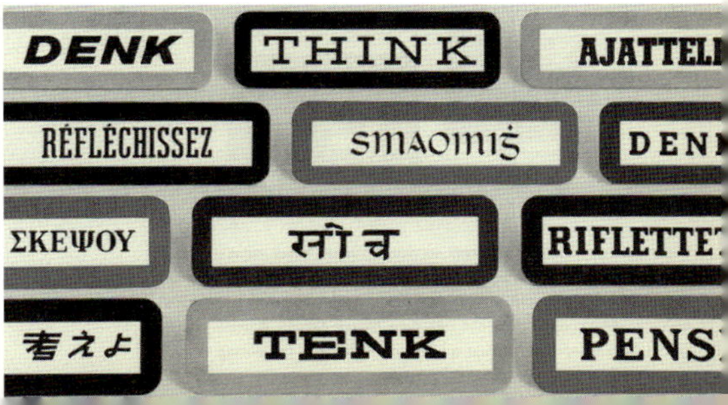

図4.
各国のTHINKのプレート

ムの開発から機会均等の実現など、個々人のあり方を尊重してきたのです。

そして、ワトソン・シニアは「いかなる組織も、存続し成功を勝ちとるためには、その組織がいっさいの方針と行動の大前提として決めたいくつかの立派な信条をもたねばならないと、私は固く信じる。(中略) そして最後に、一組織が移りゆく世界の挑戦に応えて立つためには、組織の活動を通じて、その信条だけは別としてそれ以外のすべてのものを変えてゆく心構えをもたねばならない」と述べています[2]。

創立以来の一世紀にわたる企業存続の鍵となったのは、「THINK」とこの3つの基本的信条でした。信条に基づく企業は、その信条が揺るがないかぎり変化に耐えることができるのです。社会が変化しても、テクノロジーが変化しても、顧客が変化しても、どのような地域であってもその姿勢は変わりません。

● THNIKの展開

ワトソン・シニアは「THINK」のスローガンを浸透させるために、THINK誌という定期刊行物を発行したり、「THINK」という文字を刻印した革表紙のメモ帳を製造して従業員に配るように手配しました（図5）。また、このメモ帳を顧客のリクエストに応じて無料で提供し、1960年までに毎年約25万冊を配りました。この手帳は英語では「THINK PAD」とも呼ばれ、後のノートブックPCのブランド名のヒントにもなりました。

図5.
「THINK」と
刻印された手帳

● 2重の思考

ワトソン・シニアが提唱した「THINK」は、まさに思考することの重要性を強調したものでした。その言葉を企業のビジョンにしたことは、彼が先見の明を持っていたことを物語っています。

このように、企業のビジョンとしての「思考（THINK）」と、それをデザインの視点から実現していくための「思考（THINK）」の、2重の思考があって始めて、企業文化が形づくられていったことがわかります。つまり、企業のビジョンとデザインは「思考」があるからこそうまく機能するものであり、逆にいうと「思考」のないデザインでは、企業のビジョンに迫れないということを教えてくれます。

2. Good Design is Good Business

ワトソン・シニアの思考は、息子のトーマス・J・ワトソン・ジュニア（Thomas John Watson, Jr.）に引き継がれていきます。ワトソン・ジュニアの活動を通して、デザインとビジネスの関係をさらに詳しくみていきたいと思います。

● グッドデザインの重要性

1914年、ワトソン・ジュニア（図6）はワトソン・シニアの長男として生まれました。大学卒業後はIBMに入社し、1956年に会長兼最高経営責任者に就任しました。当時のIBMは、コンピューターの会社としてあまり認知されていませんでした。そこで、デザインに求められる役割の一つは企業ブランドの確立でした。そこで、「デザインプログラムの確立」をデザイン戦略として推進するにあたって、エリオット・ノイズ、ポール・ランド、チャールズ・イームズなどの非常に優秀なデザイナーを社外のコンサルタントとして、また優れたデザイナーや人間工学の専門家を社員として採用し、組織しました。この取組み

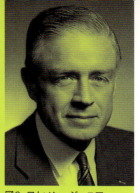
図6. ワトソン・ジュニア

は結果として、ブランド、ロゴ、印刷物、製品デザインから建築デザインまでをも包含した総合的なデザイン戦略に結実しました。今日でいう「コーポレート・アイデンティティ（CI：Corporate Identity）」の確立と呼ぶことができます。

ワトソン・ジュニアは、「Good Design is Good Business（良いデザインは良いビジネスになる）」というタイトルの講演において、IBMがデザインプログラムを確立していったストーリーをいきいきと語っています。この講演は、ペンシルバニア大学のウォートン校とティファニーの共同で後援された、デザイン・マネジメントに関する「ティファニーの講義」と呼ばれる講義シリーズの第5回目にあたります。ウォートン校の学長ドナルド・キャロルは最後の講義にあたって「我々は、経営学部の学生に利益と美学はビジネスと目標に合うべきものであることを認識してもらいたい」と話しました[3]。以降では、この講演でワトソン・ジュニアが語ったことを引き合いに出しながら、IBMのデザインプログラムが確立していく過程をみていきます。

● オリベッティ社の経営者とデザイン

ワトソン・ジュニアがビジネスにおけるグッドデザインの重要性をはじめて感じたのは、1950年のある日、ニューヨークの五番街でオリベッティ社のモダンなタイプライターのショーウィンドウをみたときでした。そのときから、彼には自社の商品がモダンなデザインには思えなくなったのでした。

彼はすぐに、オリベッティ社の会長であるアドリアーノ・オリベッティ

（Adriano Olivetti）に会い、イタリアにあるオリベッティ社の工場を見学させてもらいました。そこは、アドリアーノが建物とオフィスはモダンで効率的な印象を与える必要があると信じている場所でした。アドリアーノは創業者であるカミッロ・オリベッティの息子であり、カミッロの「最も尊重されるべきものは人間であり、いかなる時代にも決して技術や物質が人間の上位にあってはならない」という思考を尊重しながら、オリベッティ社のデザインプログラムを組織化しました。プログラムには、建築、オフィス、製品、カタログ、広告なども含まれていました。

　例えば、工業デザイナーのマルチェロ・ニッツオーリがタイプライターなどの製品デザインを、グラフィックデザイナーのジョバンニ・ピントーリがカタログや広告を担当しました。また、ミラノのショールームはヴェネツィア出身の建築家カルロ・スカルパに設計を依頼しました。このように、社内外の優れたデザイナーを活用することを推進していたのです。この視察でワトソン・ジュニアは、「デザインはビジネスの成功へ重要な貢献をする」ということを学びました。

　1955年、ワトソン・ジュニアは、友人であるオランダ**IBM**のゼネラル・マネージャーから重要な郵便物を受け取りました。そのゼネラル・マネージャーはワトソン・ジュニアが自社のコーポレート・デザインを立て直そうとしていること、またオリベッティ社がどのような取組みをしているのかを知っていました。郵便物の中にはたくさんのカタログが入っていて、**IBM**のカタログとオリベッティ社のカタログもいくつか混じっていました。手紙には、両社のカタログを比較して、何が自社のカタログに欠けているのかを自問自答して欲しい、と書かれていました。

　確かにその当時、**IBM**はデザインへの配慮を欠いていました。机の上に広げられたオリベッティ社のカタログは、美しい絵のパズルのようにすべてのものが調和していました。

15

●エリオット・ノイズとの出会い

第二次世界大戦中、ワトソン・ジュニアは空軍でパイロットをしていました。そこで空軍グライダーの担当だったエリオット・ノイズ（Eliot Noyes）に出会いました。ワトソン・ジュニアは、ノイズがデザイン・ビジネスの分野で、優れた人物であることを知っていました。

ノイズは1910年に米国ボストンで生まれ、ハーバード大学で建築を学びました。当時のハーバード大学では、ドイツのバウハウスの主要メンバーであった建築家のヴァルター・グロピウスやマルセル・ブロイヤー、ジョセフ・アルバースが教鞭をとっていました。ノイズは大学卒業後、グロピウスとブロイヤーのもとで働きました。その後、ニューヨーク近代美術館のキュレーターとなり、第二次世界大戦後は工業デザインで著名なデザイン事務所であるノーマン・ベル・ゲデス社の中心的なメンバーになっていました。

ワトソン・ジュニアはノイズに、デザインの相談をするためにニューヨークの郊外にあるポコノ山脈に来てくれないかと依頼しました。2人はそこで3日間を過ごし、最終日に、ノイズはIBMのデザインの状況を把握して、その力になることを約束しました。そして、その日からノイズは仕事の時間の半分をIBMのために費やすことになりました。ノイズは社員ではなく、社外コンサルタントとしての立場から仕事をすることになったのです。

●デザインプログラムの開始

1956年にノイズがIBMの仕事に関わるようになってから、デザインプログラムを組織化しました。ノイズのマネジメントにより、すべての工場にデザイン部門をつくり、機械の機能を隠すためではなく、現代的で魅力的なデザインにするための活動を始めました。ノイズは本

質的で現代的なデザインにするために、多くの工場を視察して、講義を行い、アドバイスをしました。

同時期にワトソン・ジュニアとノイズはオフィスやショールームをよりよくするための仕事を始め、多くのインテリア・コーディネーターを活用しました。

● ポール・ランドとチャールズ・イームズ

ノイズはデザインプログラムだけではなく、プロダクトデザインの水準を底上げする役割も担っていました。そして、1956年にグラフィックデザインを向上させるためにポール・ランド（Paul Rand）を、映像や展示会、展覧会活動を推進するためにチャールズ・イームズ（Charles Eames）をコンサルタントとして採用しました。ランドはIBMのロゴやパッケージ、ポスターなどのグラフィックデザインを担当しました。一方イームズは、ニューヨーク・マンハッタンのIBMオフィスの中で「コンピューター・パースペクティブ」と呼ばれる展覧会をデザインしました。彼は一般の人に向かってどのようにコンピューターを解説したらよいかを知っていました。そして、コンピューターが何をしているかがわかるように小さなマンガのようなもので12分間の映像をつくりました（図7）。

なお、ランドの活動についてはこの後に、イームズの活動については次の3章でそれぞれ詳しく紹介します。

図7.
コンピューター・
パースペクティブ展

図8.
IBMワトソン研究所
（1961年）

● 建築のデザイン

　デザインプログラムやプロダクトデザインと連動して、社員が働く環境であるオフィスや工場、研究所の建築にも力を入れていきました。それは、1956年から1971年までの15年間に約150の企業関連施設を建てたことに表れています。ワトソン・ジュニアは、一つの建物を建てるときに3人の建築家を推薦してもらい、その中から自分たちの要求にあった1人に依頼しました。シカゴの高層ビルをミース・ファン・デル・ローエに、フランスのラ・ゴード研究所やフロリダのボカラトン工場をマルセル・ブロイヤーに、ニューヨークのワトソン研究所やロチェスター工場をエーロ・サーリネンに、イタリア本社をマルコ・ザヌーゾに、日本IBM本社を林昌二に依頼しました。その後も、I.M.ペイにソーマーズ事業所を、谷口吉生に幕張事業所を依頼するなど継続して優れた建築家を採用しました。

　この中でも、エーロ・サーリネンはIBMのコンサルタントとして、建物だけでなくパビリオンなども担当しました。彼は1910年にフィンランドに生まれ、パリで彫刻を、イエール大学で建築を学んでから建築家になりました。彼が設計したワトソン研究所は、ニューヨーク郊外のヨークタウンという町の丘の上に立つ半円形の建物です（図8）。彼は「研究所のオフィスに窓はいらない。研究者はオフィスでの研究とオフィス間を移動するときの研究者同士の会話に集中すべきである」という考え

のもと、建物を設計しました。ガラスと石の曲線が生み出す外観は未来の研究所を感じさせます。ガラス窓に沿って長い回廊があり、その回廊の内側にオフィスがあるので、オフィスはガラス窓には面していません。研究者はオフィスでは研究に没頭する一方、回廊を歩いてガラス窓の外の田園風景をみながら、研究者同士でリラックスして会話することができます。さらに、エントランス付近の造形に彫刻的な美しさを取り入れて、モダンなガラスとのコントラストを巧みに演出しています。

　この研究所が完成した1961年に、サーリネンも51歳で亡くなりました。それから50年以上経った現代でも、研究所の本部があるこの建築はモダンかつ魅力的で、多くの人に愛されると同時に、研究者の心のシンボルでもあり、優れたデザインであることを歴史が実証しています。

●**グッドデザインの貢献**

　ワトソン研究所が完成した年、ノイズは赤いセレクトリック・タイプライターをデザインしました（図9）。流線形かつ彫刻的な美しさを持ち、カートリッジが動く代わりに、ゴルフボールのような形をした印字部品（タイプ・ヘッド）を採用した世界で初めてのタイプライターでした。このタイプ・ヘッドの革新的技術を取り入れたことによって印字部品が絡まらなくなり、早くタイピングできるようになりました。全体形状も、タイプ・ヘッドのゴルフボールのような形を想起させる丸みを帯びたフォルムを採用しています。また、使う前と使っている最中の状況が考慮された、使う人へのやさしさがデザインに反映されています。使う前や使っていないときは流線形のフォルムが彫刻のような美しさをたたえており、使っている最中は手をタイプライターに

図9.
IBM セレクトリック・
タイプライター
（1961年）

置くことを静かに促すかのように手を置く部分が丸く窪んでおり、使う人をやさしく包み込むような形態になっています。

　ノイズがこのタイプライターをデザインした背景には、建築家のグロピウスとブロイヤーのもとで働いたこと、ならびに工業デザイン事務所のノーマン・ベル・ゲデス社で働いた経験が役に立っていると思います。「造形は機能に従うものである」という考え方をもとに、機能的な造形を目指したグロピウスとブロイヤー。飛行機や船のデザインにおいて流線形を追求した工業デザイナーであるノーマン・ベル・ゲデス。このタイプライターのデザインには、建築的な造形と流線形の造形をまとめあげた機能美が宿っています。

　デザインプログラムのない時代には、タイプライター事業部が赤く流線形のタイプライターをつくることはなかったでしょう。秘書にとって、タイプライターは機能的であるだけでなく、魅力的でなくてはならないのです。そして、このタイプライターはビジネスにも大きな貢献をしたのでした。ワトソン・ジュニアはグッドデザインの価値について次のように話しています[3]。

　　デザインは別の方法では推し量ることができないグッドビジネスなのです。魅力的なデザインがビジネスにどのくらい貢献したのか？　感じのよいオフィスがIBMで働きたいと思う人をどれほど増やしたのか？　これらの数字に表せないことは、グッドデザインプログラムの純粋な貢献であると信じています。

そして、デザインはビジネスを成功へ導く力をもっているという信念を以下のように表明しました[3]。

　　グッドデザインという活動において、良くない商品を良くするこ

20　　第1章　ワトソン・ジュニアの思考

とはできない。商品とはビジネスマンにおける機械や建物、カタログのことである。しかし、グッドデザインは著しく良い商品の可能性を最大限にまで高めてくれることを助けてくれる。簡単にいってしまえば、Good design is good business（良いデザインは良いビジネスになる）ということである。

ワトソン・ジュニアが語った「Good design is good business」という言葉は、その後のIBMでのビジネスにおけるデザインの役割の指針のようなものになりました。また、この言葉は経営者がデザインについて語った言葉として、広く世界に知られるようになりました。

●人のためのデザイン

ワトソン・ジュニアは上記の「Good design is good business」に関連して「ビジネスにおいて、デザインは実用的かつ美的でなければなりません。しかし何より重要なのは、良いデザインは人の役に立つということなのです（Good design must primarily serve people）」と語っています[3]。そして「まずは人間のことを考えなくてはいけません。人間とは、社員や我々の商品を使用するお客様のことです。我々の機械は、ただ便利で使うための道具以上のものでなければなりません」と続けています[3]。

彼は人間のことを考える先に、ビジネスがあることを次のように語っています[3]。

> 結論として、我々のデザイン、色、建築のインテリアは、人を支配するというよりは、人の活動を補うためのものです。自然ななりゆきとして、グッドデザインに興味・関心を抱いています。お客様は良いデザインにさらなる対価を支払います。それが多くのさまざまな利益を会社に与えてくれるのです。

彼がここで「Good design is good business」に関連して、人に役立つデザインの役割を強調しているのは、現代の人間中心のデザインのアプローチと共通しています。さらに使いやすさだけではなく、よい体験をしてもらうことを意識しているのは、現代のユーザーエクスペリエンスデザインに通ずる部分があるのです。

●スマイル

さらに、ワトソン・ジュニアは歴史を振り返りつつ、これからの社員のあり方がビジネスの方向性を示すことについても以下のように言及しています[3]。

> ビジネスでの成長のみを求めることは、ワトソン・シニアの目標からは遠かったのです。彼が望んだものは、社会においてIBMが高いポジションを得ることでした。そして彼は、我々が何をしたかでなく、我々がどのように見えたかによって、それが達成できることを知っていたのです。そのような理由から、我々は白いシャツとダークスーツを身に着け、きちんとした硬い襟にしたのです。営業担当者のきちんとしていない服装は、お客様を混乱させると考えていました。（中略）人々は依然として我々の白いシャツとダークスーツに微笑み（Smile）ます。我々も、彼らと一緒に微笑みます。そして株主もまた、我々の成長と成功で微笑むのです。

ここでワトソン・ジュニアが伝えたかったことは、顧客、株主、社員の三者がうれしくなる（Smile）ようにすることが重要であり、そのためにはIBMが社会でよい印象を持ってもらう必要があるということでした。そのためにもデザインの役割が重要であるといいたかったのだ

と思います。そして、具体的なデザインの事例として建築のデザインから、セレクトリック・タイプライターのデザイン、営業担当者の服装にまでつながるのです。

●思考とデザインのコラボレーション

「成功を収めようとするすべての組織には、方針や活動の土台となる健全な信条がなくてはならない」というワトソン・ジュニアの言葉で表現されるように[3]、彼の父であるワトソン・シニアの信条、「THINK」から出発して、それをデザインとビジネスに展開していく過程をみてきました。デザインを大切する中で、エリオット・ノイズ、ポール・ランド、チャールズ・イームズ、エーロ・サーリネンといった優れたデザイナーや建築家とコラボレーションをして「Good design is good business」を実行していったのです。

このように、経営者の思考、デザイン、ビジネスの間には強い結びつきがみえてきます。一方で、思考や信条を欠いたデザインでは、優れたビジネスも成り立ちにくいということを気づかせてくれます。

3. ポール・ランドの思考

ここでは、先に紹介しました米国のグラフィックデザイナーであるポール・ランドの活動に焦点をしぼって、思考とデザインの彼なりの洞察を学んでいきたいと思います。彼はIBMだけでなく、いろいろな企業のデザインやそのほか幅広いデザイン活動の展開を通して、文字通り、思考とデザインを実践した人です。

● IBMのロゴ

　1914年に米国ニューヨークで生まれたポール・ランドは、プラット・インスティテュートやパーソンズ美術大学でデザインを学び、グラフィックデザイナーとしてさまざまな活動をしていました。特に、IBM、UPS、ABCテレビ、NeXTなどのコーポレート・アイデンティティの仕事が有名です。1956年にエリオット・ノイズの推薦によりIBMのコンサルタントになり、ロゴ、パッケージ、ポスター、アニュアルレポートなどグラフィックデザイン分野の仕事をしていきました。

　当時のIBMは1947年につくったBeton Boldという書体を使ったロゴを使っていました（図10）。彼は1956年にIBMのロゴを、City Mediumという書体を基本に、しっかりとして地に足がついたようなデザインにしました（図11）。このロゴは「連続性のあるロゴ（continuity logo）」とも呼ばれ、現在のロゴのデザインにもつながるものです。

　そして1972年、彼は改めてロゴを変えるという決断をして、「8本線」のロゴと呼ばれるものをデザインしました（図12）。以前のしっかりとした雰囲気から「スピードとダイナミックさ」を感じさせるロゴへと生まれ変わらせました。

　1956年につくったロゴは、IBMという企業が社会の基盤としての安定感を与えるデザインになっていました。一方1972年のロゴは、企業が今後どのような姿であるべきかというビジョンを考えて、その思考をロゴという形に託したのだと思います。それは、大きくなった企業をあえて表に出さずに、8本線というブラインドの向こう側に姿かたちがぼんやりとみえるぐらいの、陰ながら社会を支える縁の下の力持ちとして存

図10. 1947年のIBMのロゴ　　図11. 1956年のIBMのロゴ

図12.
1972年のIBMのロゴ

在する企業であるというビジョンを表現しているのだと思います。

　企業の今の姿を的確に表しているこのロゴは現在も使われており、1972年にIBMの未来のあるべき姿を描いたこと、そして描いたものを形にして実現しているというところが彼の素晴らしさだと思います。

　彼は「デザインとはフォルムとコンテンツの関係である（Design is relation between form and contents.）」といっています[4]。ここでは、フォルム（形）はロゴ、コンテンツ（中身）はビジョンとなります。この考えをベースにIBMのデザインガイドラインをはじめ、パッケージのデザインなども含めて、いろいろな形で彼の活動が進んでいきました。IBMには、ある一人にコンサルタントを頼んだら死ぬまでその人に依頼するという考え方があり、彼も1956年ぐらいからの約30年間、社外のコンサルタントとして会社の未来を見通す役割を果たしていました。なぜ彼は社外のコンサルタントとして関わっていたのでしょうか。それは、社内の人間は今期のビジネスを仕上げることに注力しなければならないうえに、2、3年で配置転換があるためです。そのため社外のコンサルタントには一生をかけて会社を見守ってもらい、ビジョンを企業の成長とともに一緒につくっていくことを望まれたのではないでしょうか。

● 文化としてのデザイン

　ランドはロゴのみならず、カラフルなストライプ模様を活かしたパッケー

図13.
ストライプのパッケージデザイン[5]

ジデザインも手掛けています（図13）。彼はこのパッケージデザインをつくるために、まるでアートをつくるかのように多くの時間を割いたと思います。1980年ごろにデザインされ、近年まで全世界のIBMでおよそ30年にわたって使われていましたので、どれだけの量が世界に広まっているのか想像もできません。この素晴らしいデザインが広まるということは、ある意味では文化を広めるということにも近いはずです。美しく仕上げられたものを使うことで、人々はうれしくなりますし、企業としても効果的です。そうするとデザイナーは儲からないかもしれませんが、素晴らしいデザインが長い間、世界中のさまざまな人に使ってもらえるという喜びに勝るものはないのではないでしょうか。このデザインは、単純にいうとストライプのパターンを基調として、部分的にロゴを入れただけなので、ロゴを入れなくても使うことができるという点で使い勝手の良いデザインに仕上がっています。ですから、本や雑誌、グッズ、イベントなどにも幅広く使えるのです。テキスタイルのパターンのようなデザインで企業を表現することで、ビジネスの中にも楽しさを加えていると思います。

● デザインと品質

　ランドがつくったものの一つに「Quality（クオリティー）」というポスターがあります（図14）。これはIBMのためにデザインしたポスターで、文章も彼自身が書いたといわれています。このポスターの前半には次のことが書かれています（筆者訳）[5]。

> 優れた品質とは何かということを定義することは難しい。めったにみることができないものであるが、どういうわけか、具体的な仕事を前にして直観的にみえてくるものである。

優れた品質は、概念や言葉ではなくて、具体的に仕事を始めると、そこで直観的にみえて来るということです。これはデザインをやっている多くの人が共感する言葉ではないでしょうか。また、文章は次のように続いています（筆者訳）[5]。

> 優れた品質とは、一般的な考えである美しさやセンス、スタイルとはあまり関係がない。さらに、ステータスや社会的な評価、豪華さとは一切関係がない。優れた品質はどちらかといえば、受容性、適切さ、慎みの雰囲気の中にみえてくるものである。

このポスターを通して彼が伝えたかったことは、IBMにとって最も重要なことは優れた品質である、ということだと思います。優れた品質は、機能とデザインの両面で優れていなければならない、といいたかったのではないでしょうか。これは、IBMに限った話ではないかもしれませんが、デザインの役割は優れた品質を提供することである、ということを気づかせてくれます。

●コンテンツのデザイン

ランドは1996年の亡くなる1週間前、MITメディア・ラボでの

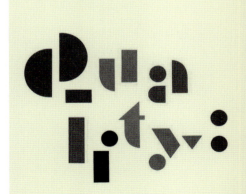

図14.
「Quality」というポスター（1990年）[5]

講義で「デザインはフォルムとコンテンツを一緒にする方法だ（Design is the method of putting form and content together.)」と語っています[4]。ここで、フォルムとは形やデザインの表現、コンテンツは中身になります。コンテンツは、例えば本の場合は著者の思想や文章、企業のロゴの場合は企業の思想や活動と解釈することもできます。

　彼は何冊かの本を出版していますが、先ほどの「Quality」のポスター同様、文章のみならず、レイアウトや書体、1行あたりの文字数や1ページあたりの行数など、本の細部に至るデザインまで彼自身がつくっています。そして、さまざまな企業のロゴも手がけていますが、ロゴをつくるときには、その企業がどのような企業であるべきかというビジョンも考えていたのだと思います。これは、フォルムとコンテンツを一緒にするためには、フォルムだけではなくコンテンツをも考えなくては適切なデザインはできないということを、彼自身が実践していたことの現れです。

　コンテンツとフォルムの関係をつくるのがデザイナーなら、それはコンテンツもフォルムもともにデザイナーがつくる必要があるということです。彼の活動をみていると、コンテンツは別の人がつくり、フォルムだけ自分が作るというのは、実は大変難しいことなのではないかと感じます。

●もう一つのロゴ

　ランドがデザインした多くのロゴには、キャラクター性や親しみやすさが配慮されています。例えば、UPS、ABCニュース、ウエスティング・ハウス、フォード、Nextなどが挙げられます。一方、1972年に彼がデザインしたIBMのロゴはどちらかというとしっかりとした直線的なデザインで、親しみやすさの要素は少ないといえます。これは、企業の品質や社会の礎を表すという彼なりの配慮から抑えた表現にしたのです。しかし、おそらく彼はこのロゴだけではなくIBMに親しみをもってもらうために

図15.
「Eye-Bee-M」ポスター
（1981年）

何か必要だと考えていたと思います。

　そこで彼は、1981年に「Eye-Bee-M」のポスターを提案しました（図15）。既存のロゴをベースに「I」を目（Eye）に、「B」を蜂（Bee）とした明るくてグラフィカルなポスターをつくることで、ロゴの実直な印象とバランスを取ろうと考えたのではないかと思います。この提案には、IBMはより親しみやすい企業になるべきだという彼なりの企業ビジョンがあったと考えられます。

　このポスターの一番のポイントは、背景の黒とそこに浮かび上がる「I」の白との強いコントラストにあります。これは「未来をみつめる目」といわれています。彼自身が未来をみつめる目をもって、ビジョンをつくることを実践してきました。ビジョンをつくることが、実はコンテンツを自分でつくっていくということを表していると思います。一方、「M」は既存のロゴのMで、どちらかというと抑え気味に表現している印象です。IBMのポスターだとわかってもらわなければならないことを考えて、「M」はグラフィカルにせずに、認識の手がかりを残しているのだと考えられます。

　このグラフィックにはいろいろな見方や解釈があるかと思いますが、グッズやTシャツなどさまざまなところで使われており、判じ絵を意

味する「リーバスロゴ（Rebus Logo)」とも呼ばれて多くの人に親しまれていることには変わりがありません。

●デザインのビジネス価値

ランドは「デザインはフォルムとコンテンツを一緒にする方法だ」という思想を、企業の思想を理解したうえで実践したデザイナーであったと思います。2章で紹介するプロダクトデザイナーのリチャード・サッパーは、「ランドは自分自身が定義したデザイナーのあるべき姿を、本当に実践した人である」と語っています。ランドがIBMのためにデザインしたロゴやパッケージは、現在でも全世界で活用され、企業イメージの向上という意味で計り知れないビジネス価値をもたらしたといえるでしょう。

かつて日本IBMの大和研究所にあったデザイン部門では、ノートブックPCのロゴやパッケージのデザインをランドとコラボレーションをして生み出しました。その結果として、ノートブックPCが世界中の人たちに愛されるようになり、この成功がビジネスを支える一因となりました。また、同デザイン部門では、ランドとの関係もあり、日本を代表するグラフィックデザイナーである田中一光にグラフィックデザインのアドバイスをもらっていたことも、特筆すべきことです。

さて、次の2章では人間中心のデザインを中心として、企業の再生期におけるデザインの有効性、人間中心のデザインのプロセスと手法、さらにリチャード・サッパーの思考とデザインをみていきます。これらを通して、人間中心のデザインがいかにして、思考、デザイン、ビジネスを結びつけているのかを明らかにしていきます。

第2章

人間中心のデザインの思考

ＩＢＭの思考とデザイン

1. 企業の再生とデザイン

　近年、「人間中心のデザイン」というキーワードがよく使われるようになりました。それはこの考え方が現代ビジネスにおいて重要な位置を占めるようになってきたからにほかなりません。人間中心のデザインは新たな製品・サービスを開発するときには、もちろん大いに役立ちますが、実は既存のビジネスがうまくいっていないときにも威力を発揮するのです。

　企業の経営状況がよくないときに、どのようにして再生を図ればよいのかは、誰もが頭を悩ませることです。どうしても目の前のビジネスの側面ばかりを気にかけてしまいがちですが、ここでも思考とデザインがその大きなヒントになり得るのです。まずは、1990年代のIBMの取組みを通して、企業のビジネスがうまくいっていないときの思考とデザイン、特に人間中心のデザインの活かし方をみていきましょう。

● ルイス・ガースナーの思考

　1990年代に入り、IBMはビジネスに苦戦していました。マスコミからは「IBMはあと数年で潰れる」という報道もあったぐらいです。そのような状況を変革するために1993年4月、RJRナビスコ会長だったルイス・ガースナー（図1）がIBMの会長兼最高経営責任者（CEO）に就任しました。これは社外から会長を招聘した初めての試みでした。

　1942年、ガースナーは米国ニューヨークで生まれ、ハーバード大学を卒業後、マッキン

図1. ルイス・ガースナー

図2.
原則による
リーダーシップ[1]

1. 市場こそが、すべての行動の背景にある原動力である
2. 当社はその核心部分で、品質を何よりも重視する技術（テクノロジー）企業である
3. 成功度を測る基本的な指標は、顧客満足度と株主価値である。これも、会社を外部の目で眺める必要があることを強調する方法のひとつである
4. 起業家的な組織として運営し、官僚主義を最小限に抑え、つねに生産性に焦点を合わせる
5. 戦略的なビジョンを見失ってはならない
6. 緊急性の感覚をもって考え行動する
7. 優秀で熱心な人材がチームとして協力しあう場合にすべてが実現する
8. 当社はすべての社員の必要とするものと、事業を展開するすべての地域社会に敏感である

ゼー・アンド・カンパニー、アメリカン・エキスプレス、RJRナビスコを経てIBMに来ました。当初、彼は「今現在、IBMに必要なのはビジョンではない」と発言しましたが、一方で社員に図2のような「原則によるリーダーシップ」を提示しました。これこそが社員が考えるべき「思考」を示したものだといえます。

そして、1995年にネットワーク・コンピューティング、1997年に「e-ビジネス」を提唱しました。これは、これまでの「IT（情報技術）製品ビジネス」から「ITサービスビジネスへ」の変革です。さらに、彼が一貫して強調していたのは、「顧客第一主義」の視点でした。彼

33

は顧客満足度が高くない企業は、財務面でもそのほかの面でも成功を収められないと考えていたのです。

●UCDとIPDの導入

　この変革に対応するためのデザイン戦略は、IT製品だけにとどまらず、サービスまでをも考慮したより広い視点のデザイン活動と企業ブランドの再構築です。1993年から企業ブランドの再構築とUCD（ユーザーセンタード・デザイン：User Centered Design）の導入を実施し、この新しいデザイン戦略が再生の原動力の一つとなりました[2]。UCDとは、顧客が満足する製品やサービスのデザインを目指して「人間中心のものづくり」の概念を体系的に具現化した手法です。当時、IBMではUCDと呼んでいましたが、内容的にはHCD（人間中心のデザイン：Human Centered Design）と同様の概念および活動です。

　また1993年より、市場で最も受け入れられる商品開発を効率的に行うために、IPD（統合製品開発：Integrated Product Development）という開発手法を導入しました。これは下記の8項目の問題点を解決するために導入されました[3]。

（1）業績評価の仕組みが不十分であった

（2）ステークホルダー（受益者）の参画時期の遅れと参加度合いが不十分であった

（3）設計の仕組みがユーザーのニーズの変化に即応できなかった

（4）プロジェクトの優先度の尺度が曖昧であった

（5）お客様要求の把握とそのフィードバックが不十分であった

（6）プロジェクトを完結させる能力が不足していた

（7）開発段階の節目でのチェックが甘く、プロジェクトが途中で中止できなかった

（8）多くの部門固有のツールが散在していた

この中で（3）（5）（8）がUCDと密接な関係があります。IPDのプロセスの中でUCDを製品開発における重要な取組みの一つととらえ、その活動を推進してきました。これは、ガースナーが強調している「顧客第一主義」の視点を製品開発に具体化したのがUCDであり、また1章で紹介したワトソン・ジュニアの「良いデザインは人の役に立つということなのです」という言葉の実践であるともとらえられます。

●日本でのUCDの導入

日本では、大和研究所のデザインセンターが中心となりUCDの導入を推進しました。UCDの導入に際しては、米国にあるIBM イーズ・オブ・ユース（ease of use）の組織と連携をとりながらUCDを普及させるために、以下の5つの施策に取り組みました。

（1）デザインセンター：デザインセンターのメンバーのUCDに関するスキル向上
（2）事業部：各事業部と連携によるUCDの戦略・導入計画とパイロットプロジェクト選定とデザインセンターによるプロジェクト支援
（3）全社：WebサイトによるUCD情報の発信や各事業部や新入社員の教育支援
（4）日本：社内にとどまらず日本国内にUCDを広めるためのイベントや学会・NPOの活動推進
（5）海外連携：UCDに関する海外の情報の取得と日本IBMのUCD活動のアピール

その成果としては、当時の大和研究所で開発していたソフトウェア、PC、ソリューションなどに具体的に現れました。また、東京基礎研究

所とウェアラブルデバイスの研究を行ったり、自社のWebサイトや顧客のソリューション、コンサルティング支援に活用されました。さらに、『使いやすさのためのデザイン―ユーザーセンタード・デザイン』という書籍としてもまとめられました（図3）。

図3.
『使いやすさのためのデザイン』[3]

2. 人間中心のデザインの導入

　ここまでは、企業再生の原動力の一つとなったUCDの概要をみてきました。続いて、UCDと同様の概念および活動であるHCD（人間中心のデザイン）についてさらに詳しく解説を行い、その核心に迫っていきます。

●人間中心のデザインとは
　HCDとは、ユーザーをデザインプロセスの中心に据えることで、適切で使いやすい製品やサービスの提供をめざす手法です。認知科学者のドナルド・ノーマン（Donald Norman）は『誰のためのデザイン？増補・改訂版』の中で次のように説明しています[4]。

> HCDとは哲学と進め方であり、デザイン分野は注目する領域のことである。HCDの哲学と進め方は、製品やサービスが何であれ、主な注力点がどこであれ、デザインプロセスに人間のニーズについての深い考慮と検討を付け加えるものである。

HCDを活用すると、例えば親しみやすいデザイン、設定しやすい画面、習得しやすいシステム、使いやすい形態、拡張しやすい機能など、魅

力的な製品やサービスを一貫して開発できます。HCDの特徴は、デザインプロセスの各段階でユーザー情報とユーザーからのフィードバックを収集できることです。HCDはユーザーが見て聞いて触れるすべてを設計します。そのため、多分野にまたがった専門家によるチームを組織して進める必要があります。したがって、HCDの導入には「HCDのプロセス」「HCDの手法」「HCDのチーム」の3つの観点が大切になります。これらを順にみていきましょう。

● **HCDのプロセス**

　最適なHCDの活動は、開発する製品・サービスの性質や規模、予算などにより異なります。例えば、コンピューターの初心者ユーザーを含む消費者向けの製品と、ある特定の専門家向けの社内サービスは、同じHCDの活動ではありません。しかし、ユーザーにとって魅力のある製品・サービスを実現し、ユーザーにより良い体験を提供するためのHCDの活動の基本は、どのような製品にも共通しています。どのよ

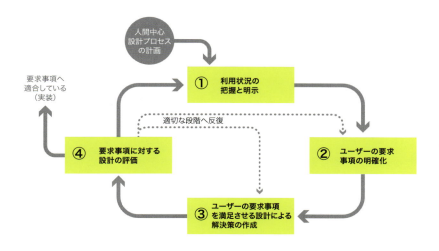

図4. HCDのサイクル（ISO 9241-210のHCDプロセス図）[5]

うな製品・サービスであっても、ユーザーが誰であるのかを知らなければ魅力的な製品を開発することは難しいといえます。またデザインの方向性を決めるために、ユーザーの現状や要望を把握することは非常に重要です。HCDの活動の基本的なプロセスは、HCDのサイクルとも呼ばれ、図4のようになります。

まずはじめに、「人間中心設計プロセス」というものを計画します。これは具体的には、プロジェクトの目標を考慮して、HCDのサイクルを開発プロセス全体の中のどの段階に、どのように導入するのかを計画することです。そして、そのあとに下記の4つのステップを回します。

(1) 利用状況の把握と明示：利用者の利用状況をユーザー調査などにより理解する活動
(2) ユーザーの要求事項の明確化：利用者の要求内容を明確にする活動
(3) ユーザーの要求事項を満足させる設計による解決策の作成：定義された要件に基づき最適な解決策を生みだすためのプロトタイプの制作
(4) 要求事項に対する設計の評価：設計を要求事項に照らして評価する活動

ただし、必ずしもこのサイクルの全部を回さなければならないということではありません。重要なことは、必要に応じてこのサイクルの全部または一部を繰り返すことです。

●HCDの手法

HCDのサイクルの各段階において、さまざまな手法を利用することで効率的かつ効果的に成果を得ることができます。基本的な手法はすでに確立されており、目的や状況に応じてそれらをプロジェクトにふさわしい方法で利用します。HCDのサイクルに対応した代表的な手法とサブプロセスを図5に示します。

図5.
HCDの主な
手法とサブ
プロセス[5]

HCDサイクルの4つの活動	主な手法・サブプロセス	
① 利用状況の把握と明示	・利用状況の把握 ・利用状況の調査 ・アンケート（質問紙） ・フィールドワーク	・エスノグラフィ ・ダイアリー法 ・インタビュー
② ユーザの要求事項の明確化	・グランデッドセオリー法 ・ペルソナ	・シナリオ法 ・品質機能展開
③ ユーザの要求事項を満足させる設計による解決策の作成	・発想法 ・パターンランゲージ ・共感的デザイン	・参加型デザイン ・プロトタイピング
④ 要求事項に対する設計の評価	・ユーザビリティテスト ・インスペクション法 ・心理的尺度	・生理学的手法 ・長期的な評価

●HCDのチーム

　ここまで説明してきましたHCDのプロセスと手法を確認しつつ、実際に活動を計画するにあたってチームメンバーの構成を決めていきます。HCDの目標および対象とする製品やサービス、プロジェクトの特徴や状況を考慮して、どのような専門分野のメンバーが必要かを検討するのです。

　HCDのチームを構成するメンバーには、HCDの専門家によるコアメンバーと、関連する分野の専門家たちによる参画メンバーに大別できます。コアメンバーとはHCDに必要なスキルを持った専門家の集団です。例えば、HCDのリーダー、マーケットプランニングの専門家、ユーザーリサーチの専門家、ユーザーエクスペリエンスデザインの専門家、ビジュアルデザインや工業デザインの専門家、ユーザー評価の専門家を含みます。ただしここに挙げた専門家は、必ずしも全員が必要なわけではなく、一人の専門家が複数の役割を担ったり、場合によっては、これらの役割を一人の専門家が果たす場合もあります。また、参画メンバーとは製品・サービスを

39

魅力的にするために関わる企画、開発、技術、マニュアル、営業、サービスなどのメンバーです。このようなコアメンバーと参画メンバーが一つになって、数々の難題を乗り越えながらプロジェクトを推進していきます。

●企業と個人における人間中心デザインの思考

　ここで、以上にみてきたことを振り返ると、1990年代のIBMでは部門、部署の垣根を越えてUCDとIPDをうまく活用して「デザイン」の側面から企業を支えるとともに、「原則によるリーダーシップ」による「思考」を社員に浸透させることで企業再生を成し遂げました。このように、人間中心のデザインの思考が企業を活性化させる一翼を担ってきたことをみてきました。

　一方で、個人レベルで人間中心のデザインの思考を高めていくにはどうすればよいでしょうか。そのヒントとなるのが、イタリアのプロダクトデザイナーであるリチャード・サッパーの仕事です。

3. リチャード・サッパーの思考

　リチャード・サッパー（Richard Sapper）はIBMのデザインコンサルタントとしての活動だけでなく、幅広いデザインの仕事を通して、「思考」と「デザイン」を実践した人です。そして、人間中心のデザインを文化というレベルまで昇華させたデザイナーと呼ぶこともできます。

●リチャード・サッパー

　1932年、サッパーはドイツのミュンヘンで生まれました。ミュンヘ

ン大学を卒業後、ダイムラー・ベンツ社のデザイン部、ミラノのジオ・ポンティの建築事務所を経て、1959年に自分のデザイン事務所を開設しました。ブリオンヴェガ社、シーメンス社、アルテミデ社、アレッシィ社など、彼のデザインした多くの商品は長い期間にわたって生産され、世界中の人々から愛されています。

エリオット・ノイズ（p.16参照）が亡くなったあと、IBMでは後継者となるデザインコンサルタントを探していました。ポール・ランドの推薦もあり、サッパーは1981年からIBMのデザインコンサルタントになりました。その後、同社のデザイン戦略、アドバンスデザイン、サーバー、パソコン、ソリューションなど多くの製品のデザインに貢献しました。ここでは、彼の数多くの仕事の中から、特に生活に溶け込んだプロダクトを中心にみることで、彼の思考に近づいていきたいと思います。

図6. アレッシィ TODO：チーズおろし器（2004年）[6]

● **ストーリーをデザインする**

サッパーの代表的なプロダクトの一つにTODO（トド）と呼ばれるチーズを削る道具があります（図6）。パルミジャーノチーズは、食べる直前に削るのが一番美味しいのですが、イタリアの多くの家庭ではキッチンで誰かがチーズを削って、それを食卓に持って来てみんなで食べるのが一般的です。しかし彼が意図したのは、チーズを削る行為をキッチンでの作業ではなく、食卓におけるエンターテイメントにするということでした。「チーズを削って来なさい」といわれてやるのは単なる作業ですが、食卓を囲むみんなの前でチーズを削ることができれば楽しいのではないか

と考えたのです。

　イタリアでは、主人が食卓で「これは俺のとっておきのワインだ」という仕草で座っている人たちにワインをもてなすことが一つのエンターテイメントです。サッパーはこれと同様に、「おいしいパルミジャーノチーズがあるよ」という気持ちで、食卓を囲む一人ひとりの座席をまわりながら、それぞれの皿の上にチーズを削る楽しさと、それを食べる人にとってもうれしいストーリーをつくり出したのです。

　そして、そのストーリーにふさわしいフォルムをデザインしました。形態的なおもしろさに加えて、手に持つ部分には冷たい印象を与えるステンレスではなく、木を使うことで温かみを出し、またステンレスと木の視覚的なコントラストも魅力的です。さらに、使わないときは壁に引っ掛けておける工夫など、ディテールにも注意が払われています。これは一例に過ぎないのですが「ストーリーこそが重要である」という彼の信条が見事にプロダクトに結実しています。このようなストーリーを大事にしてデザインすることは、HCDの手法の一つであるユーザーシナリオにとても近いものといえます。

●長く使えるデザイン

　サッパーは長く使ってもらえるデザイン、飽きないためのデザインを心掛けています。そのような飽きないデザインを生み出すにはどうしたら良いのでしょうか。彼によると、その一つの手がかりは「自然は飽きないのではないか」という気づきだったそうです。これは一見あたり前のようですが、なぜ自然は飽きないのでしょうか。それは、自然は常に動いているからです。自然は空も海も森もゆっくりと、時に激しく、止まることなく動いています。かすかに波立つ海はみていても飽きませんが、海を撮った写真は場合によっては飽きてしまいます。

「自然、すなわち動いているものは飽きないのでないか」というのがサッパーの仮説でした。飽きない製品をデザインする秘訣は動きを考慮することになりそうです。

　動きを考慮してデザインする方法は二つあります。一つは製品のある部分を動かすということ、もう一つは彫刻のようにデザインすることです。動かないものに動きを生み出す方法の一つに、彫刻的な視点があると彼はいっています。彫刻という物はそれ自体動かないように思われますが、それをみる人間と物との関係は常に動いているのです。物をみるときは必ず自分が動いているので、物が同じ状態にみえないのです。物をみているときの自分と物との距離、角度、高さは一定ではなく、絶え間なく変化しています。これらが変化するということは、同じ物をみていても時々刻々と異なる様相がみえるということなのです。

　この洞察は彼のデザインの中でどのように活かされているのでしょうか。その一つに、Grillo（グリッロ）と呼ばれる電話機があります（図7）。これは日本にはまだ黒電話しかなかった時代、今から50年前にドイツのシーメンス社がつくった電話機です。机の上に置いてある

図7.
シーメンス Grillo：
電話器（1966年）[7]

43

（閉じている）状態では小鳥が座っているようにもみえる彫刻的なフォルムです。受話器を取り上げると下部がバネでパカっと開いて電話機として使えるようになっており、彫刻的な美しさだけでなく、動きのある製品としても楽しみながら長く使うことができます。

●ユーザーという視点

　サッパーが1971年にデザインしたTerraillon Minitimer（テライヨン・ミニタイマー）というキッチンタイマーは、40年以上たった現在でも発売され、多くの人に使われています（図8）。このタイマーには3つの視点がユーザーに準備されています。

　少し離れたところからみると円型本体の上部に親しみやすい小さな丸い穴がみえます。手にとってみると本体側面に時間がわかるように5分きざみの表示があります。そして上部の小さな丸の穴を覗き込むと1分単位で時間がわかるような仕掛けになっています。上部からはミクロの視点、側面からはマクロの視点で時間をみることができる機能性を備えつつ、これを形態的な特徴に仕立てたところが、いかにもサッ

図8.
Terraillon Minitimer：
キッチンタイマー（1971年）[7]

パーらしいデザインです。

　また、上部に小さい穴を設けただけでは何の変哲もありませんが、その穴から側面の目盛にかけて細いスリットを入れてある形状が印象的です。このディテールがシャープさと緊張感を円型本体に与えており、デザインのアクセントになっています。さらに、本体部分と目盛の部分をコントラストのある異なる配色にすることで、ユーザーにこのタイマーの構造を視覚的に理解させると同時に、色合いの楽しさも伝えています。今でもこのデザインを超えるキッチンタイマーはなかなか現れません。

　このように、いろいろな視点を設けるというところが、デザインするときの一つのポイントだと思います。サッパーは椅子に座りながら製品の模型を手にして細部の隅々までみて、手で触って、この形で良いのか悪いのか検討しているかと思うと、突然椅子から立ち上がって遠くからこの模型をみます。彼は、自らの視点を変えることを身体的かつ意識的に行っていたのです。

　人間は物をみるとき、どうしても自分の視点でみてしまうことから逃れることができません。普通にしていれば自分の視点でみてしまうところを、自ら強制的にそうしてしまわないようにするということが、彼が実践していた手法だったのです。自分という作り手の視点だけではなく、ユーザーという使い手の視点に立って、デザインしている対象をみることを自らに課していました。

●紙でつくる模型

　サッパーは紙で模型をつくりデザインを検討します。図9は彼がつくったおもちゃの模型で、これをおよそ1時間でつくります。ハサミで切った紙を折って立体にするとき、糊では乾くまで時間がかかるので、ホチキスを使って紙をパチパチと留めていきます。

45

米国のデザイン教育では、マーカーという道具を使ってきれいなレンダリングを描く練習をしますが、彼はマーカーを使わず、ナプキンにボールペンでアイデアを書く程度です。そして、すぐに紙で模型をつくってしまいます。なぜ紙で原寸サイズの立体模型をつくってデザインを検討するのでしょうか。それは、いくら良い絵が描けても絵はあくまで平面上のもので、彫刻的な視点が得られないということに加え、絵からはユーザーが使うという視点がみえてこないからなのです。

図9. 紙の模型[7]

● **デザインは文化**

筆者がサッパーと話をしていて、「デザインとは何でしょうか」という質問をしたことがあります。すると彼は「デザインは文化だ」と答えました。時間をかけて良いデザインをして、それを最新技術に合わせて改めてデザインを修正し、そうしてできた良いデザインが多くの人に使ってもらうと、それは文化になると彼はいいます。そして「みんなに使ってもらってはじめて文化になる。それも長い時間使ってもらってようやく文化になる」と考えているようです。文化をつくっていくということが、デザインの大事な役割だと彼はいっているのです。また、ビジネスウィーク誌のインタビュー記事で次のようにも語っています[8]。

　現代は、本来のインダストリアルデザインの定義に戻るべきだ（筆者注：もっと長く使ってもらえるデザインをすべきだ）。ファッショ

ンに興味はあるが、使い捨てではなく、長く使えるものだけに興味がある。時代を越えて長く使ってもらえるデザインにすべきだ。

この思想は、次に紹介するように彼のデザインしたさまざまな製品として世の中に体現されています。

1972年に商品化されたTizio（ティチオ）という照明器具があります（図10）。これは40年以上たった現在でもイタリアで大ヒットし、世界中で販売されています。40年間の間に少しずつ、技術の進化に合わせてデザインや材料が変化しています。基本的な形態は同じですが、例えば先端の部分は、当初は金属でつくっていたものをプラスチックに変えたりしています。

また、サッパーがビジネスの文化をデザインした例としてノートブックPCがあります。1992年に彼とIBM社内のデザインチームが協力して、日本IBMから発売したデザインが原型になった、黒くて四角い、そしてキーボードが使いやすいノートブックPCが発売されました。当時の市場では、グレー、シルバー、アイボリーなど明るい色のPCが主流の中で、あえて黒い色のPCを発売しました。これは、長く使

図10.
Artemide Tizio:
照明器具
(1972年)[7]

える飽きのこない色であるとともに、ビジネスに使われるスーツケース、財布、事務用品との相性も考慮されてのことでした。この黒い色を継続して販売することで、たとえノートブックPCを買い換えても、また周辺機器をそのまま使っていたとしても違和感なく使い続けることができます。この黒いモダンなデザインは、デスクトップPCやサーバーなど、IBMのすべてのハードウェアを黒に塗り替えていきました。長期間にわたって基本的なデザインが変わらないということは、デザインを文化にするという視点が継続して持たれていたということです。デザインを文化にするには、長きにわたってデザインを一貫させるという、時間をかけることでもあるのです。

　さらに、サッパーが料理の文化をデザインした例として、1987年に発売されたアレッシィ社のフライパンがあります（図11）。これもすでに発売してから30年近く経った現在でも販売されています。彼はフライパンのデザインを始めたときに、フランスの有名なシェフに協力してもらい、キッチンで実用的であると同時に、ダイニングに持ってきても美しい調理器具のシリーズを目指しました。そして、フライパン、鍋、包丁、さらに包丁立てまでをデザインして、調理器具すべてをデザインすることをライフワークとして続けていきました。数十年前に

図11. アレッシィ LA CINTURA DI ORIONE：フライパン（1987年）

デザインしたフライパンの把手と近年発売された鍋の把手には共通点があり、これらを横に並べてみても、どちらも古い印象は受けません。まさに、調理器具の世界に文化をつくっていくという気持ちでデザインをしていると思います。

　最後に、未だ製品化されていない折りたたみ自転車を紹介します。1992年ごろに最初のプロトタイプをつくって、2000年ごろと2005年ごろのショーに２度出展し、当初のプロトタイプからすでに20年以上の歳月が経っています。彼にとっては、折りたたみ自転車の原型を一つつくることができればそれで満足で、自分が死ぬまでに製品化されれば良いという程度に考え、まったく焦ることなくデザインをしていました。

　このようにサッパーのプロダクトをみていくと、文化をつくるというとても長い目でデザインという行為に臨んでいることが感じられます。まさにデザインは文化で、そうなるためには時間をかけて良いデザインを考え、ときに最新の技術に合わせて修正し、さらに良くなったデザインを多くの人に使ってもらうことではじめて本当の文化になる、という信条を実践した人でした。

●**サッパーの思考とHCD**

　サッパーはイタリアを代表するプロダクトデザイナーですが、みんなから長い間愛される製品をつくりたいという気持ちがとても強く、その考え方が彼の思考そのものでした。この思考はIBMのデザインとの共通点もありました。

　ここでは、彼がストーリーをつくったり、彫刻的で動きのあるデザインにしたり、紙の模型を活用したりすることで、長期的に使われるためのデザインの思想を実践し、デザインは文化であることをプロダ

クトを通して証明してきたことをみてきました。彼のこのような活動はHCDと多くの共通点を見出すことができます。一方で、ユーザーの声を鵜呑みにするのでなく、時としてユーザーをリードして文化となるまで長く使えるデザインを生み出して育てたことは、よくみておく必要があります。

　さて、次の3章では企業の革新期を舞台として、ビジネスにおけるユーザーエクスペリエンス（UX）の有効性とそのアプローチ、UXデザインを実践していたイームズ夫妻の取組み、さらに実例からUXデザインの実際をみていきます。これらを通して、UXからみた思考、デザイン、ビジネスの関係性を明らかにしていきます。

第3章

ユーザーエクスペリエンス
の思考

IBMの思考とデザイン

1. ユーザーエクスペリエンスを考慮したデザイン

　2章でみてきた「人間中心のデザイン」とともに「ユーザーエクスペリエンス」という言葉もよく目にするようになりました。ユーザーエクスペリエンスとは、簡単にいえば、製品やサービスの使いやすさだけではなくユーザー体験を総合的にとらえることです。ではなぜ、ユーザーの体験がそれほどまでに重要視されるようになってきたのでしょうか。これが思考、ビジネスとどのようにかかわっているのでしょうか。まずは、2000年代のIBMの活動を通して、その背景と実態をみていきましょう。

●サム・パルミサーノの思考

　2000年代に入り、ITや社会環境が大きく変化し、これまでのITビジネスから次世代ビジネスへの転換が迫られるようになりました。2002年にサミュエル（サム）・J・パルミサーノ（図1）がIBMのCEOに就任し、「オンデマンド・ビジネス」という次世代ビジネスのための革新に着手しました。

　1951年、パルミサーノは米国ボルチモアで生まれました。ジョンズ・ホプキンス大学を卒業すると、1973年にIBMに営業担当として入社しました。グローバルサービス事業、PC事業、サーバー事業を歴任し、CEOに就任すると、それまでのITに関連する製品やサービスを統合した「ITビジネス」の企業から、「企業変革ビジネス」を提供できる企業に変化させました。その際にデザインに求められる役割は「企業変革ビジネス」への貢献でした。

　彼は原点に戻ってそのDNAに触れる必要があると考え、IBMの中核的な価値観を再検討するために「バリュー・ジャム」というイベン

52　　　第3章　ユーザーエクスペリエンスの思考

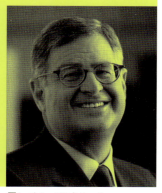

図1. サム・パルミサーノ

トを行いました。これは、オンライン上で世界中の社員が自由にディスカッションを行う催しで、自社が体現すべきものは何か、社員が果たすべき役割は何か、ということをテーマに話し合いました。

ジャム終了時、ディスカッションに参加した社員は数万人に達していました。次に、このイベントで集まったテキストを調べて主要なテーマを得ると同時に、社員が生み出した企業の価値観を要約しました。このようなプロセスはトップダウンではなく、社員と一緒にボトムアップで考えていく「THINK」を実践したものだといえます。

そして2003年11月、社員の新しい価値観として「お客様の成功に全力を尽くす」「私たち、そして世界に価値あるイノベーション」「あらゆる関係における信頼と一人ひとりの責任」が発表されました[1]。この3つの価値は、1914年にトーマス・ワトソン・シニアが定めた基本的信条「個人の尊重」「最善の顧客サービス」「完全性の追求」に沿った、まさにIBMのDNAと呼べるものでした。パルミサーノはこのときのことを振り返って、次のように話しています[1]。

> まず基本に立ち返り、ルーツまで遡って、IBMの文化の基盤に触れることがなければ、製品とサービスにおけるIBMのポートフォリオの再構築やグローバルな会社の統合、世界的な景気後退のただ中でのスマーター・プラネットのビジョンの開始など、ジャム以降のIBMの事業の効率化や継続維持はなかったと私は本気で信じています。

なお、スマーター・プラネットのビジョンとは、「地球を、より賢く、よりスマートに」するためのビジョンのことを意味します。

●ユーザー体験を考慮したデザイン戦略へ

この時代のデザイン戦略は、ITに関連する製品やサービスのデザインにとどまらず、ユーザーが体験することを統合的にデザインし、ユーザーが満足できる体験を達成することでした。それはユーザーエクスペリエンス（UX：User Experience）デザインと呼ばれるものです。製品単体にフォーカスした「モノ」中心のデザインから、顧客の総合的な体験を考慮した「コト」中心のデザインへの変革です。これは、従来の製品のデザインだけなく、パルミサーノが掲げる「企業変革ビジネス」をUXデザインという視点から支援し始めたということとも関連があります。

2000年代には、IBMではハードウェア製品・ソフトウェア製品・Webサイトに対して、ユーザーの体験をより考慮したUXデザインという総合的なデザインアプローチを始めています。その背景には、顧客満足度のさらなる向上や、製品だけでなくサービスも考慮した顧客への総合的なサポートへの変革があります。UXを考慮したデザインを導入するために、デザインセンターが中心となり、デザインプロセスや手法の確立、ユーザーエクスペリエンス・デザインセンターの設立、人材育成などに取り組みました。

●ユーザーエクスペリエンス・デザインセンターの設立

2002年、日本IBMでは従来のデザイン部門や人間工学部門、UCD担当者など集めて、ユーザーエクスペリエンス・デザインセンターを設立しました（図2）。このデザインセンターの目的は「お客様が使いやすく、魅力的で、ブランドを感じる総合的な体験をする環境をデザ

図2.
ユーザーエクスペリエンス・
デザインセンター
(2003年)

インするために、組織、役割、施設を統合してシナジーを上げた、デザインのスキル集団となること」でした。デザインアプローチとしては、目標とするデザインを達成するために、HCD（人間中心のデザイン：Human Centered Design）をもとにユニバーサルデザイン、ブランドデザイン、スマイルデザインといった概念を組み合わせました。

　このデザインセンターがこれまでのデザイン部門と大きく異なる点は、実際のデザインを行う前にプロセスから考えること、HCDのプロセスを実施すること、ユーザーや競合製品・競合サービスを十分に知ること、デザインとユーザー評価を頻繁に繰り返すこと、総合的なデザインを提供すること、などが挙げられます。

　また、このデザインセンターは世界のIBMの中でも唯一、ハードウェア製品からソフトウェア製品、印刷物、Webまでを扱うとともに、ユーザー調査から最終的な詳細デザイン、出荷後のサポートまでカバーする組織でした。デザインセンターの役割を振り返りますと、まずハードウェア製品の外観や人間工学的な観点からのデザインから始まり、印刷物やソフトウェア製品、Webなどのブランドやユーザビリティの検討を経て、ユーザー体験を考慮した総合的なデザインへと移っていきました。

2. ユーザーエクスペリエンスのアプローチ

　UXには数多くの定義があります。ここではそのうちのいくつかを紹介します。また、UXデザインを実施する際に抑えておくべき3つの視点とプロセスについても解説します。

●UXデザイン

　ここでは、「ユーザーエクスペリエンスとは、使いやすさだけではなくユーザー体験を総合的にとらえること」と定義します[2]。総合的にとらえることには、使いやすさだけでなく人間の感性や感情を踏まえることに加え、製品やサービスを購入する前から、購入して利用し、利用した後までの一連の流れを通じて得られる経験や満足までをも考慮します。

　国際規格であるISO（ISO 9241-210:2010）では「UXとは製品やシステムやサービスを利用したとき、および／またはその利用を予測したときに生じる人々の知覚や反応のこと」と定義しています[2]。

　また、米国の認知科学者であるドナルド・ノーマン（Donald Norman）は、「エクスペリエンスデザインとは、トータルエクスペリエンスの質と愉しさに焦点を合わせて、製品、プロセス、サービス、イベント、環境をデザインする実践活動」と定義しています[3]。さらに、「エクスペリエンスデザインは注目する領域であり、HCDはそのための哲学と進め方である」としています[3]。つまり、UXデザインはHCDを基本にしながらも、ユーザーの体験を考慮したデザインであり、ユーザーの体験を考慮するということは、使っているときだけの体験ではなく、使う前や使ったあとの体験、使いやすさだけではなく、楽しさも重要であることがわかります。

●UXデザインの3つの視点

上記のUXの定義を踏まえますと、UXデザインを実施する場合に、時間軸、環境軸、人間軸の3つの視点を総合的に考慮する必要があります。

時間軸では、短時間から短期間、中長期間といったユーザー体験の持続を考えます。例えば、製品やサービスを使用する前の時間や使っている間、あるいは数年間の使用期間を追うことです。

環境軸では、人間をとりまく人工物や人間自身を考えます。これは状況的視点と言い換えることもできます。例えば、スマートフォンのアプリの場合には、客先でのプレゼンテーション中や駅構内で電車を待っているとき、あるいは自宅でくつろいでいるといった状況を想定することです。

人間軸では、人間の感性、多様性、可変性などに着目します。例えば、使いやすいという気持ちだけではなく、うれしくなる気持ちや感情の個人差、相手の違いによる気持ちの変化などをみていきます。

●UXデザインのプロセス

それでは、時間軸、環境軸、人間軸といった3つの視点を考慮して、UXデザインをどのように進めていけばよいのでしょうか。以下にプロセスの順を追いながら、おおまかな流れをみていきます[4]。

（1）デザインプロセスを検討する

　　UXデザインでは従来とは異なるデザインプロセスを検討する必要があります。対象とするユーザーや対象とする製品・サービスに合わせて、そのプロジェクトに適切なデザインプロセスとUXデザインチームを検討します。

（2）市場の定義とビジネス目標を理解する

57

誰がどのような体験・経験を求めて製品・サービスを使用する
のか、というビジネス目標を理解します。

(3) 対象ユーザーや競合製品・競合サービスのUXを理解する

対象ユーザーグループを明確にしたり、ユーザータスク分析を
行います。対象ユーザーグループに対して、時間軸および環境
軸の視点をもって総合的なシナリオをつくります。

(4) UXを考慮したコンセプトデザイン

シナリオを考慮したコンセプトデザインをつくり、デザインウォー
クスルーなどにより評価を行います。

(5) UXを考慮した設計の洗練

製品・サービスは魅力を備えているかどうかを確認し、洗練させ
ていきます。

(6) 評価と妥当性の検証

ユーザーの期待に応えることができているかについて、総合的
なユーザー評価を実施し、課題を解決します。

(7) 市場での評価

市場におけるユーザーの体験を評価し、今後の開発に活用し
ます。

このように一連の流れを俯瞰しますと、UXデザインのプロセスに
は2章で紹介しましたHCDプロセスが拡張されて、これがうまく活
かされていることがわかります。具体的な手法やコツなどの解説はほ
かの書籍にゆずりますが、本書の後半で「デジタルサイネージの事例」
としてIBMが取り組んだ実例を紹介していますので、参考にしてく
ださい。

3. イームズ夫妻の思考

　UXデザインの知識的な側面をみてきましたが、ここではより具体的な話、すなわちUXデザインの思考を体現してきたチャールズ・イームズとレイ・イームズの活動を紹介したいと思います。時代は少しさかのぼりますが、イームズ夫妻が活動した1960年代にはUXという言葉は一般的ではありませんでした。しかし、彼らの活動はまさにUXを考えたデザインでした。彼らの思考とデザイン、そしてそれらが結びついた先にあるビジネス価値を通して、UXの役割についての理解がより一層深まると思います。

●イームズ夫妻

　1907年、チャールズ・イームズ（Charles Eames）は米国セントルイスで生まれました。建築を学んだ後、クランブルック美術学院に進み、エーロ・サーリネンと出会いました。その後、レイとも出会い結婚しました。イームズ夫妻は成形合板チェア、シェルチェア、ラウンジチェアなどミッドセンチュリーの家具デザインで有名ですが、それ以外にも多くのジャンルをまたいで活躍してきました。そして、それらのジャンルすべてにおいて、世界的に大きな影響を及ぼす作品を生み出しました。例えば、建築分野の「イームズ・ハウス」、映像分野の『パワーズ・オブ・テン』、玩具分野の「ハウス・オブ・カード」、展示・情報デザイン分野の「マスマティカ展」などが知られています。これら以外にも、彫刻、インスタレーション、グラフィック、写真、教育など、すべての分野における活動には、UXの考え方が通底していました。

●もてなしの精神

　イームズ夫妻の孫で映像作家のイームズ・デミトリオスはインタビューで次のように語っています[5]。

> イームズのデザインの本質はモダンではなく、「もてなしの精神」でした。（中略）チャールズは常々「デザイナーの役目とは、ゲストの期待に応える良いホストになることだ」といっていました。チャールズとレイがなぜ画期的だったかというと、客をもてなすという精神をデザインの世界に置き換えたからなんですね。彼らはモダニストだとよくいわれますが、私はそうではなく、とても人間思いの二人だったと思っています。

イームズ夫妻はもてなしの精神を核として、ジャンルにとらわれずに客をもてなすために必要なことやモノをデザインしていったのだと思います。

　彼らは1953年から、チャールズとレイのそれぞれが亡くなる1978年と1988年までIBMのデザインコンサルタントとして活躍しました。特に著名な活動としては1958年、1964年、1968年のIBMパビリオンや展示会のデザイン、映像のデザインの制作が挙げられます。これらの活動は企業ブランドの価値の向上という貢献をしました。

　ここからは、彼らの活動がどのような点でUXを考慮していたのかを、「マスマティカ展」のデザイン、「コンピューター・パースペクティブ展」のデザイン、『パワーズ・オブ・テン』と呼ばれる映像デザインから読み解いていきたいと思います。

●「マスマティカ展」のデザイン

　イームズ夫妻が展示会のデザインとして最初に手掛けたのは「マス

60　　　　第3章　ユーザーエクスペリエンスの思考

マティカ展:数の世界…そしてその向こう(Mathematica: A World of Numbers…and Beyond)」でした(図3)。この展示会は、カルフォルニア科学センターの新館でIBMに何ができるかということを、ワトソン・ジュニアとチャールズが相談して開催することが決定しました。チャールズは、IBMの長期的なビジネス視点からもこの展示会の開催の意義を考えていました。1961年にカルフォルニア科学センターで展示された後、50年以上経った現在でも、この展示会は改良されながらニューヨーク科学館やボストンの科学博物館で催されています。

この展示会では「数の世界」という子どもたちにとってはやや難しい内容を、わかりやすくて楽しい体験になるように、空間、展示物、印刷物などが総合的にデザインされています。そして、現在でも科学を一般に広めるための展示デザインとして、子ども館、科学館、博物館などがこの展示デザインを参考にしており、いわば科学分野における展示デザインの雛形としての役割も果たしています。イームズ夫妻はこの展示会のために模型をつくり、模型の中の人間の目線にカメラを置いて撮影しながら、子どもたちがどのようにして会場に近づき、展示物をみて、会場を出て行くのかを検討しました。

この展示会の特徴的なデザインとして、インタラクティブな展示デザインと複雑な情報をわかりやすく表示する情報デザインが挙げられます。インタラクティブな展示デザインでは、子どもたちが展示物を自分で

図3.
「マスマティカ展:
数の世界…そしてその向こう」
(1961年)

図4. 万国博覧会のIBMパビリオン(1964年)

操作して楽しく科学を理解するためにデザインされました。例えば「マルチプリケーション・キューブ（multiplication cube）」という展示では、512個の照明器具を使って、子どもが複雑な計算問題を装置に入力すると、照明が立体的に光って直ちに答えがわかるという展示です。

複雑な情報をわかりやすくすることで興味を掻き立てるための情報デザインでは、ヒストリー・ウォールとイメージ・ウォールというものを設けました。ヒストリー・ウォールは壁面の横方向を時間の流れにして、科学者の活動を時系列にビジュアル化した年表のような表現にしています。イメージ・ウォールは、まるで絵画の展覧会のように科学を視覚化した表現を額縁に入れて並べて展示しています。

UXという視点で特に興味深いのは、ヒストリー・ウォールです。これは、制作を始めた当初は自分たちの調査用として資料を壁に貼っていたものでしたが、この資料を展示物として入場者にみせることにしたのです。この表現は現代のUXデザインにおける、エクスペリエンスマップやジャーニーマップと呼ばれる表現とととても似ています。

● IBMパビリオンのデザイン

その後の1964年、ニューヨーク万国博覧会が開催されました。ここではIBMパビリオンが企画され、建築はエーロ・サーリネン、展示は

イームズ夫妻がそれぞれ担当し、総合的な体験ができる空間を制作しました（図4）。展示のテーマは「科学技術がヒューマンライフをよくする可能性を讃える」です。サーリネンは巨大な楕円形をしたIBMのタイプライターのカートリッジのような建物をデザインしました。イームズ夫妻は「THINK」という考え方を具現化するために22面のマルチスクリーンを設けて、500人が同時に映像をみることができる展示をデザインしました。「THNIK」という抽象的な概念をわかりやすく伝えるために、日常の具体的な映像を通して「考える」ことの普遍性を表現しました。この展示は、観客席が壁のようになっていたためピープル・ウォールと呼ばれました。まさに、サーリネンとイームズ夫妻によって、総合的なUXがデザインされた瞬間でした。

● 「コンピューター・パースペクティブ展」のデザイン

さらに1971年、イームズ夫妻は「コンピューター・パースペクティブ：コンピューター時代の背景（A Computer Perspective: Background to the Computer Age）」というニューヨークのIBMの展示センターで開催された展覧会をデザインしました（図5）。

彼らはこの展覧会のビジョンを「夢想家や理論家と技術者や実用的発明家が互いに影響しあった状況を垣間みること」としました。そのために、計算機の出現をもたらした科学的・技術的蓄積と社会的状況の複雑な絡み合いを、500点を超す写真・資料をビジュアル化してわかりやす

図5.
「コンピューター・パースペクティブ：
コンピューター時代の背景」
（1971年）[6]

く展示しました。彼らは計算機の起源と発達を展示するには、これまでにない情報デザインが必要であると考えて、従来の平面的なヒストリー・ウォールに実物をはりつけ、あえて壁から飛び出させた立体的な壁面にしました。また、サインとカラーコーティングのシステムを活用して、来場者が歴史的記録の中から理解や考察を得ることができる工夫がなされていました。

●映像のデザイン

イームズ夫妻は、展示会の活動のほかにも数多くの写真を撮影していましたが、写真だけではなく125本以上に及ぶ映画も制作しました。その中の一つである映画『パワーズ・オブ・テン』は、1968年にIBMの資金協力によってつくられた最も有名な教育映画です（図6）。「パワーズ」は累乗という意味で、10m、100m、1km、10km……と地球上から宇宙の果てへと視点をどんどん拡大していき、そこから再び視点を縮小させて地球上に戻って来る様子を映像で表現しています。

イームズ夫妻は、建築家のエーロ・サーリネンが語った「いつでも『できるだけ最大の視野』と『できるだけ最小の者』からものごとを眺め、問題を検討すること」という言葉をよりどころにして、この映画の制作に取り組んだといわれています[6]。そこから「10の累乗と宇宙における事物の相対性に関した映画」というコンセプトを考えたのです。彼らの仕事の特徴は、まず内容から出発して、その内容にふさわしい形式へと思考を発展させることでしたが、この映画では内容（この思想）と形式（この映画のデザイン）の両方の完成度を極めたのです。そして、チャールズが亡くなる前の年に完成した最も完成度の高い映画になったのです。

UXデザインという視点からこの映画を考えてみます。時間に沿って流れる映像を観るという体験のおもしろさに加えて、限られたスクリー

64 第3章 ユーザーエクスペリエンスの思考

ンに無限の空間を感じさせる広がりがあり、さらに、枠外に表記された論理的な数値と枠内に広がる情緒的な世界の組み合わせが、科学をより一層興味深くみせることに成功しています。そして、この映画はピクニックのシーンから始まりますが、イームズ夫妻にとってはこのピクニックこそが「もてなしの場」であり、その場から始めたことにこの映画へ彼らが込めた想いを汲み取ることができると思います。

● もてなしの精神とUX

イームズ夫妻が「もてなしの精神」から多様なデザインに取り組んでいった活動は、まさにUXデザインそのものといえます。彼らの思考と活動は、現在のUXデザインの指針とヒントになります。ここで重要なことは、彼らはUXデザインを目的にしていたのではなく、相手をもてなすためのデザインを実践していたことです。こうしたデザインの活動が結果として、現代のUXデザインのような活動であったわけです。また、現在のようにデザイン分野を分けて考えたり、専門性にとらわれて物をみていることにも課題があることに気づかされます。

一方、ビジネスという視点からみたとき、彼らの活動はどう映るでしょ

図6.
『パワーズ・オブ・テン』
(1968年)[7]

うか。チャールズは、「マスマティカ展」に代表されるIBMのための活動に対して、次のように考えていました[8]。

> 実際的な観点からIBMの長期的な利益について考えようとした。大衆が教養を身につけ、将来的に健やかな社会をつくれば、それはIBMにとっても良い市場になる。また、そのようにして社会全体が知識を深めれば、その社会はIBMが活動する場として好ましい。

これはまさに、デザインとビジネスが自然と結び付いた考え方だったのです。そして、1961年の「マスマティカ展」ならびに1968年の『パワーズ・オブ・テン』は現在でも世界中の人々に親しまれていることを考えると、イームズ夫妻の思考が実現していることを歴史が証明しています。

4. デジタルサイネージの事例[9]

　ここまでUXデザインとIBMの関わり、UXデザインのアプローチ、UXデザインを体現していたイームズ夫妻の活動をみてきました。ここからは現代の実社会に目を転じて、UXデザインの実例としてデジタルサイネージのデザイン提案をみていきます。

●UXを考慮したHCDのアプローチ
　これからの時代の小売業の店舗では、顧客が満足するサービスの追求、個々の顧客へのきめ細かな対応と効果的な情報の訴求、そしてより効率的な運用などが望まれています。一方、いつでもどこでも好きなときにさまざまな情報にアクセスできるような技術基盤が社会に整っ

てきています。このような状況の中で、日本IBMのユーザーエクスペリエンス・デザインセンターでは、小売業の店舗における顧客情報システムについて、UXを考慮したデザインを提案しました（図7）。

　ここではその具体例として、複雑化する商品やサービスに対してユーザーの意見を常に反映し、競争力のある商品を開発するために、UXを考慮したHCDのアプローチを採用した事例を紹介します。

●ユーザーセグメントの設定

　まずはユーザーセグメントの設定から考え始めました。店舗販売型の小売業、特に家電量販店のサービスにおけるユーザー分類を行いました。

　現在ではユーザーの商品購入に関する情報探索手段は多様化しており、さまざまなメディアを通じた商品情報がユーザーのもとに集まってきます。特にインターネットによる情報探索は、その情報量と検索の容易性から、店舗販売型の小売店においても商品選択や利用する店舗の選択に与える影響が大きく、今後ますます重要になると推測されます。そのため、ユーザーセグメントを分類するに際して、ユーザーのインターネット利用傾向が小売店における購買行動に影響を与えると判断して、調査を進めていきました。

　ユーザーセグメントの分類には商品購入時のインターネット利用傾

図7.
提案する
デジタルサイネージ
のイメージ

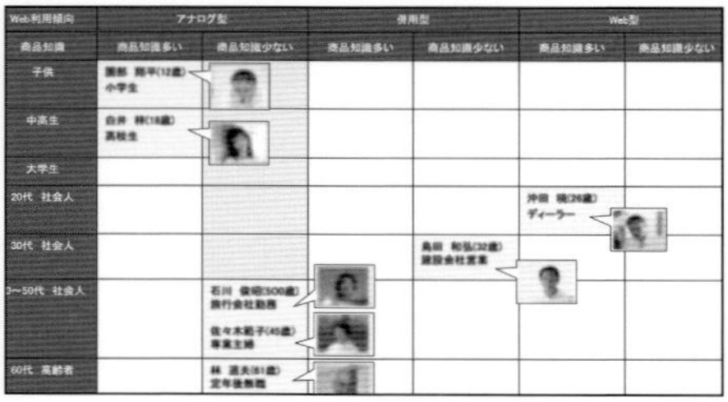

図8. ユーザーセグメント

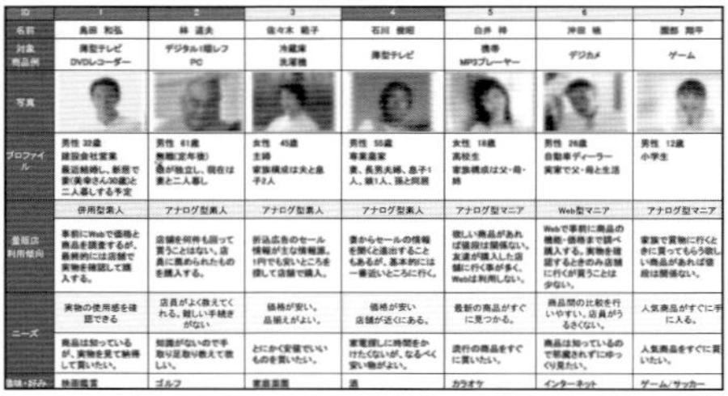

図9. 作成されたキャストの一覧

向と商品知識を考慮しました。また、年齢層などによるセグメントの細分化を行い、42種類のユーザーカテゴリーを持つセグメントを定義しました（図8）。

　これらのセグメントはユーザーの前提知識として開発チーム間で共有され、市場におけるユーザー層の理解に役立つ情報となりました。これらのセグメントをもとに開発チームメンバーによる討議を行い、6種類のカテゴリーを選択しました。その後、各カテゴリーのユーザー属性について具体的に記述し、対象ユーザーの候補であるキャストを7名定義しました（図9）。

●主要ペルソナの選定とペルソナの詳細化

　次に、これらのキャストの中から、主要なユーザー像を選択し、ペルソナとして詳細化するために、開発チームメンバーによる協議を行いました。ペルソナとは、デザインの過程で本物の人間のかわりになる架空の人物像のことです。対象ユーザーのイメージや目標、背景などの多様な情報の共有、意思決定の効率化、ユーザーのニーズに即したアイデアの発想支援などに有効なツールとして、幅広いビジネス領域で利用されている手法です。

　協議を経て、家電量販店向けの情報提供サービスにおいて重要となる

68＿＿＿＿＿　第3章　ユーザーエクスペリエンスの思考

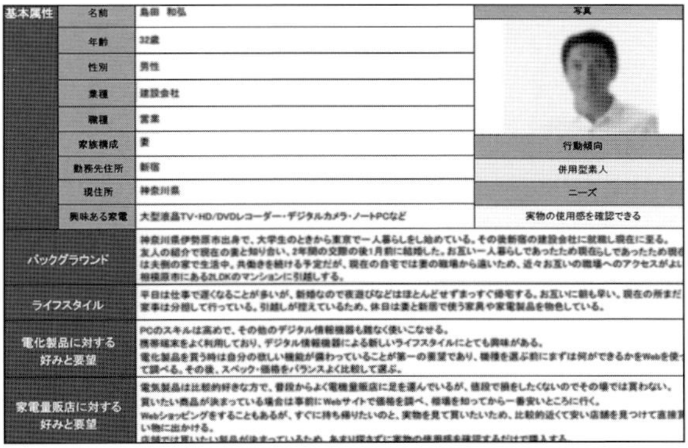

基本属性			写真
	名前	島田 和弘	
	年齢	32歳	
	性別	男性	
	業種	建設会社	
	職種	営業	
	家族構成	妻	行動傾向
	勤務先住所	新宿	併用型素人
	現住所	神奈川県	ニーズ
	興味ある家電	大型液晶TV・HD/DVDレコーダー・デジタルカメラ・ノートPCなど	実物の使用感を確認できる
バックグラウンド		神奈川県伊勢原市出身で、大学生のときから東京で一人暮らしをし始めている。その後新宿の建設会社に就職し現在に至る。 友人の紹介で現在の妻と知り合い、2年間の交際の後1月前に結婚した。お互い一人暮らしであったため現在らしであったため現在 は夫側の家で生活中。共働きを続ける予定だが、現在の自宅では妻の職場から遠いため、近々お互いの職場へのアクセスがよい 相模原市にある2LDKのマンションに引越しする。	
ライフスタイル		平日は仕事で遅くなることが多いが、新婚なので夜遊びなどはほとんどせずまっすぐ帰宅する。お互いに朝も早い。現在の所また 家事は分担して行っている。引越しが控えているため、休日は妻と新居で使う家具や家電製品を物色している。	
電化製品に対する好みと要望		PCのスキルは高めで、その他のデジタル情報機器も難なく使いこなせる。 携帯端末をよく利用しており、デジタル情報機器による新しいライフスタイルにとても興味がある。 電化製品を買う時は自分の欲しい機能が備わっていることが第一の要望であり、機種を選ぶ前にまずは何ができるかをWebを使って調べる。その後、スペック・価格をバランスよく比較して選ぶ。	
家電量販店に対する好みと要望		電気製品は比較的好きな方で、普段からよく電機量販店に足を運んでいるが、値段で損をしたくないのでその場では買わない。 買いたい商品が決まっている場合は事前にWebサイトで価格を調べ、相場を知ってから一番安いところに行く。 Webショッピングをすることもあるが、すぐに持ち帰りたいのと、実物を見て買いたいため、比較的近くて安い店舗を見つけて直接買い物に出かける。 店頭では買いたい製品が決まっているため、あまり探さずに実物の使用感を確認するだけで購入する。	

図10.
設定したペルソナ

ユーザー像として、2名のキャストを選定しました。選定された2名のキャストは上記のユーザー属性に加えて、個人的なバックグラウンド情報やサービス利用の目的、趣味や嗜好に関する詳細な記述を含むペルソナとして詳細化しました（図10）。

●コンセプトデザイン

続いて、各ペルソナの家電量販店におけるUXについて分析するため、時間とともにどのような活動があるかを表現したエクスペリエンスマップを作成し、サービス対象となる重要な体験を特定しました（図11）。このマップを活用して、各ペルソナにふさわしいユーザーシナリオを作成しました。

そして、各シナリオから提供価値を抽出・分析し、ペルソナにとっての重要度が高く、主にITによる改善が可能である提供価値を中心とした流通ソリューションのデザインコンセプトを策定しました（図12）。このデザインコンセプトと施策案をもとに、小売業、特に家電量販店における総合的なユーザー体験を考慮した、キオスク端末を中心とする情報提供ソリューションシステムのデザインを実施しました。

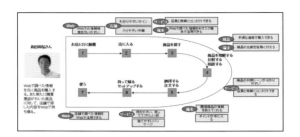

図11.
エクスペリエンスマップ

デザイン要素	デザイン・コンセプト	提供価値	ソリューション・イメージ
店舗	購買行動と連動したサイン計画。	•入りやすい外観 •興味がある商品棚を見つけやすい •わかりやすいサイン	
端末	各ユーザーに対して最適なコンテンツを提供	•興味ある商品棚を見つけやすい •商品の比較が容易に行える •関連商品の情報を教えてくれる •ポイントが手に入る •Webで調べた情報をキオスク端末で活用できる •商品知識を学習できる	
Web	店舗デザインと連動したサイトデザイン	•店舗で調べた情報をWebで活用できる •Webでの情報検索を行いやすい •来店予約ができる	
サービス	店舗、Webで統合されたサービス	•店員と簡単にコンタクトできる •セットアップサービスを受けやすい •配送サービスを受けやすい	

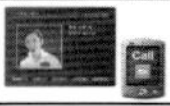

図12.
デザインコンセプトのまとめ

●詳細プロトタイプの作成

この事例では、デザインコンセプトをもとに、店舗、端末、サービスといったデザイン要素についての検討をしました。端末のハードウェアのデザインは、雑然とした店内でも目的の商品棚や情報端末の位置がみつけやすいように、端末の色をシンプルなブルーとし、遠くからでもみつけやすいように柱や壁に合わせ一定の高さを維持しました。また、レジや情報端末をすべてブルーで統一することで、上記の意図を視覚的に理解しやすいように配慮しました。ハードウェアについては、コンピューターグラフィックを活用してプロトタイプを制作しました（図13）。また欲しい商品の検索後、その商品の売り場への案内図を印刷できる仕組みや、キオスク端末から店員を呼び出したり、店員がすぐに対応できない場合はコールセンターにつなぐなどのサービスも検討し、それを実現するソフトウェアのプロトタイプを制作しました（図14）。

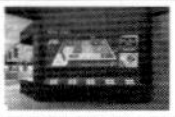

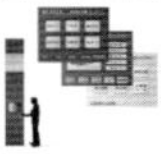

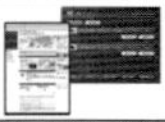

図13.
ハードウェアのプロトタイプ例

　最後に、これらハードウェアとソフトウェアのプロトタイプがペルソナにとって実際に役に立つものであるかを確認するために、3名の専門家による評価を行いました。その結果、各施策の問題点および要望に関する数多くのコメントを得ることができました。

●UXを支える思想
　ここでは、UXを考慮したデジタルサイネージのデザイン提案をみてきました。HCDを基本にしながら、より良い顧客体験をデザインするために、UXのアプローチが活用できることが明らかになりました。そして、このようなデザイン提案が具体的なビジネスに結びついていきました。

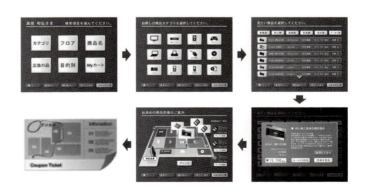

図14. ソフトウェアのプロトタイプ例

71

ここで紹介した実例を通して、2002年にIBMのCEOに就任したパルミサーノの描いた社員の新しい価値観である「お客様の成功に全力を尽くす」「私たち、そして世界に価値あるイノベーション」「あらゆる関係における信頼と一人ひとりの責任」が、UXデザインという手法とあいまって、デザインが具体的なビジネスに役立っていったことがみてとれます。そして、UXという考え方は突如として生まれたのではなく、ワトソン・ジュニアの「良いデザインは人の役に立つということなのだ」という思想が企業の根底にあり、また、優れたデザイナーとのコラボレーションがあって始めて培われたものだったのです。

　さて、1章から3章まではIBMの創業期、再生期、革新期の歩みや特筆すべきデザイナーのプロダクト・活動を軸に、「思考」「デザイン」「ビジネス」の関係性をみてきました。そこには、近年のデザイン思考に代表されるような一時的な流行では決してなく、歴史的にみてもそれらは不可分かつそれぞれの本質に深く根ざしたものでした。そして、これらの要素がうまく調和したときに最大の力を発揮するのです。
　このあとに続く4章と5章では変革・飛躍期を迎えたIBMの現代社会における「思考」「デザイン」「ビジネス」の関わりと実際の取組み、さらに実践的な応用例を紹介していきます。

第4章

デザインによる企業改革

ＩＢＭの思考とデザイン

1. 新たな旅の始まり

　前章までみてきたように、ワトソン・ジュニアが、1956年にエリオット・ノイズをコンサルタントとして迎えたのがIBMにおけるデザインの始まりです。ノイズがデザイン文化を根付かせるために、ポール・ランド、イームズ夫妻、エーロ・サーリネンを同じく社外コンサルタントとして招き、建物のデザインやロゴのデザインを変える活動を続けてきました。

● ジニー・ロメッティの思考

　時は流れて、2012年1月。IBMの社長兼CEOに就任したバージニア（ジニー）・M・ロメッティは、新しいコンピューティングの時代が来る、そして新しいクライアントが台頭する、社員は進化していかなければいけないという信念を、最初のビデオメッセージとして語りました（図1）。そしてそのスピーチを「ビジネスを成功させるだけではなく、お客様と世界にとって最も必要とされる組織でありたい。最も必要とされるというのは自分で決めることはできない、お客様が与えてくれる栄誉なのである」と締めくくりました。このメッセージには、世界中から多くの共感のコメントが寄せられ、「最も必要とされる存在でありたい（Be Essential）」という大きな目的が会社全体に浸透し始めました。

　即座にクライアント・エクスペリエンス・チームというジニーを議長としたエグゼク

図1.
ジニー・ロメッティ

74　第4章　デザインによる企業改革

ティブチームが組織され、卓越した顧客体験を提供しているさまざまな企業を調査し、自社でそれをどのように形づくるかの検討が始まりました。リッツ・カールトンやセイフウェイのような卓越した顧客体験を提供する企業のエグゼクティブから話を聞き、徹底的に調査しました。その結果、卓越した顧客体験は、提供する従業員が誇りを持ってサービスを提供することで成り立っている、そして共有の価値観に加えて、価値観を具体化した行動規範からもたらされるということが改めて明らかになりました。

　例えば、リッツ・カールトンのラインナップと呼ばれる始業前のミーティングは、全員で行われ、卓越した顧客サービスの体験を語り合うものです。そのように価値観を日々確かめ合うことにより、人々の行動様式が変わっていくのです。

　ジニーは「すべての企業にとって、持続的成長を促す成功の鍵は、卓越した顧客体験です。社員が誇りを持って関わり合い、その社員たちが、卓越した顧客体験をお客様に提供する。その結果としてIBMのビジネスが成長する。物事はその順番で起こるのです。その逆ということは決してないのです」と語りました。

　そして全社員に向けて、「お客様にとって、我々が最も必要とされる存在になるためには、我々の製品・サービスの優雅さやIBMの総合力も重要だが、お客様を驚かせ、喜ばせ、感動させることが必要です。それはIBM社員の日々の行動、しばしば小さな言動から生み出され、そうして日常の何気ない驚きの連続が、お客様の心に残るのです」と鼓舞しました。

●社員の議論による行動規範の創造
　こうして行動規範を形づくるために、クライアント・エクスペリエン

ス・ジャム（社内SNSで顧客体験について全社員で公開議論すること）を実施することにしました。IBMにはパルミサーノ時代にバリュー・ジャムを行い社員全員でつくり上げた3つの価値が存在します。それから10年が経過し、さらなる進化を促すために開催されました。全社員が卓越した顧客体験をつくり出す行動規範をソーシャルネットワーク上で議論しました。こうして出来上がったのが、「1つの目的」「3つの価値」「9つの行動規範」です。パルミサーノ時代につくり上げた3つの価値に対して、1つの目的と9つの行動規範が追加されました。

　ジニーの思想から始まった「最も必要とされる存在になりたい」という目的と「卓越した顧客体験」を実現するために、全社員との意見交換から生まれた思想であるこの目的・価値・行動規範は、のちのIBMデザイン思考（後述）の考え方に色濃く反映されていくことになります。「卓越した顧客体験」を議論していく中で、当然のことですが、デザインの重要性に対する議論も白熱してきます。デザインを製品・サービス開発の中心に据えるべきである、企業文化の中心に据えるべきであるといった声の高まりです。

●IBMデザインの始まり

　時を同じくして、フィル・ギルバートとチャーリー・ヒルがソフトウェアのエグゼクティブ会議でデザインについてのプレゼンテーションを行いました。それまでまったくお互いを知らなかったのに、発表した内容はほぼ同じコンセプトでした。この話を聞いたロバート・ルブラン（当時ソフトウェア・グループのシニア・バイス・プレジデント）がジニーに進言しました。「オースティンに、デザインとユーザーエクスペリエンスの信奉者がいる」と。

　ロバートはフィルに電話をかけ、フィルが買収した会社（Lombardi）

で実現してきたデザインの仕事を社内全体に展開できないか、と問いかけました。フィルは「すぐに答えは出せないが、考えてみる価値はある」といって電話を切りました[1]。

　2、3日熟考したのち、フィルは、本当にインパクトのある形にするためにはデザインの専門組織を立ち上げ、さまざまな組織に分散していたデザイナーを集中させ、加えて多くのデザイナーを雇い入れる必要があるという結論に至りました。かつて「巨象も踊る」と称された組織を本当に顧客中心の思考に変えていくためには、1,000名を超えるデザイナーを採用し、今いる社員に対してデザインの考え方を教育する必要があるとジニーに提言しました。これには大きな投資を伴います。ジニーは「取締役会で会社として検討するので、2週間ください」といいました。

　2週間ほど経ち、そんなことできるわけがない、とフィルが半ばあきらめかけていたそのとき、ジニーから直接電話がかかってきました。「GO」といわれたかと思うと、続けて「どのぐらい早く実現できる？最初の年に何人ぐらい採用できる？」と矢継ぎ早に質問されました[1]。この言葉が、デジタル時代におけるIBMのデザインによる企業改革の始まりでした。

　2012年6月に「我々が行うすべてのことをお客様の視点で一から考え直し、製品やサービスを、それを使う人のためにデザインする」というシンプルですが、非常に根源的なミッションのため、IBM Designという組織を立ち上げました。そして発案者のフィル・ギルバートがIBM Designのゼネラル・マネージャーに、チャーリー・ヒルがCTO（Chief Technology Officer）に就任しました。

2. 企業改革に必要な3つの要素

　全世界で37万人以上にもなる大きな企業に、デザイン文化を浸透させるというのは簡単な作業ではありません。しかし、IBMではそのために必要なことは、意外にもシンプルな3つの要素であると考えています。それは「People」「Practice」「Place」です。

　「People」はいわずもがなですが、物事を変えるのは人です。変化に最も抵抗するのも人ならば、物事を変えることができるのも人なのです。1,000人以上のデザイナーを雇い入れることもさることながら、社内にもともといるデザイナーを集めることが必要です。さらにデザイナーではない技術者、開発者、研究者あるいは管理職といったさまざまな人間が存在します。そうした人々にも共通に使え、時に翻訳が必要な両者の間をつなぐ共通言語が必要になります。それが「Practice」、すなわち実践のフレームワークと称されるIBMデザイン思考です。そして3つ目には、創造性を刺激する、ワクワクする場「Place」が必要になります。

　3つの要素についてそれぞれ一つずつみていきましょう。

● 人々（People）

　IBMは今では、スタンフォード大学d.School、ロードアイランド・スクール・オブ・デザインといったデザインのトップスクールからデザイナーを採用していますが、最初は非常に苦労しました。フィルが初めてスタンフォード大学d.Schoolを訪れたとき、彼は懐疑的な歓迎を受けました。スタンフォード大学のデザイン・ディレクターのウィリアム・バーネットはこう語っています。「学生たちはいわゆるミレニアル世代です。Googleでさえ古いと思っている彼らにとっては、IBMなどもは

や遺跡以外の何物でもないのです」[1]。

そんなデザイナーたちに向けてフィルはこのように語ります。IBMは、スマーター・プラネットというコンセプトを世に出し、ヘルスケア、エネルギー、交通など社会に対してテクノロジーで貢献し、コグニティブによってそれをさらにもう一歩進めようとしている。加えて、世界最大のスケールでデザイン思考によって企業を変えていくことができるのです。この声に応え、巨大な企業を変革していくということにやりがいを感じて入社するデザイナーも多いのです。このような形で外部から入社するデザイナーのおおよそ3分の2は大学からの採用で、3分の1は経験者採用です。意図的にミレニアル世代の若者を増やしているのです。

デザイナーを増やしていっても、IBMデザイン思考をまだ理解していない多勢に無勢では、負けは目にみえています。すでに社内にいる人たちに、デザイン思考とは何か、それはどのように役立つのか、いつどのような形で現実に適用させるのか、といったことを教育していく必要があります。手始めに、ジニー率いるシニア・エグゼクティブ・チームがトレーニングを受けました。これを皮切りに2015年末時点で、全世界で10,000名を超えるエグゼクティブ、マネージャー、エンジニア、コンサルタント、研究者、ファイナンス、人事といったさまざまなエキスパートがIBMデザイン思考の教育を受講しています。

●手法（Practice）

世の中ですでに実証されているデザイン思考のさまざまなツール類（共感マップやジャーニーマップなど）をベースにし、独自のノウハウを加え、IBMデザイン思考は開発されました。実践のフレームワークとしてのIBMデザイン思考は、大きく2つの役割を持ちます。会社の人々に、デザイン文化、デザインの考え方を教育するためのツー

ルという点と、実際に日々それを使いこなしていく際の羅針盤としての役割です。

　さまざまなプロジェクトに実際に適用して、そこからの学びをもとに日々改良を加えて、現在の形になっています。世の中ですでに成功しているデザイン思考の実践手法に加えて、**IBM**のような大きな会社でも使える形に改善を加えています。それがコア・プラクティスとして、「目標の丘」「プレイバック」「スポンサー・ユーザー」という3つのポイントに集約されています。これらについては、のちほど詳しく説明します。

●場（Place）

　人がそろい、実践のフレームワークとしての**IBM**デザイン思考が整備されただけでは十分ではありません。楽しく、わいわいがやがやとコラボレーションを促す場所、創造性を刺激するような場が必要になります。 2015年末の時点で世界中の24か所に**IBM Studios**を開設しています。**IBM Studios**の本部は、**IBM Design**が生まれた米国オースティンにあります。あるところはオースティンのスタジオを模倣し、あるところは各国独自のローカル色を出す形、それぞれ思い思いにコラボレーションしやすい形につくられています。

　共通しているのは、オープンな環境で、可動式のホワイトボードパネル、自分たちで場をつくるテンポラリーのスペース、ふせん紙を張り巡らせる壁などです。創造性を刺激するために開放的であること、通りかかったほかのメンバーがちょっとだけ関われるように、各国のスタジオのメンバーたちがコラボレーションを促進させる工夫を凝らしています。

　スタジオで作業するのは、社内のデザイナーだけではありません。顧客と一緒に、顧客企業の課題に対して、日々デザイン思考を用いて問題

図2. IBM Studios Tokyo

解決をしています。普段の環境からちょっと離れて、新しい環境でリフレッシュした頭で、新しい解決策を模索するのです。実際にスタジオでデザインキャンプに参加した顧客からは、開放的な環境でワークショップをすることで、普段使わない脳みそを使うことができ、とても創造的になれたという声を聞きます。

　IBM Studios Tokyoは、日本IBMの箱崎本社7階に設置されています（図2）。デザイナー、エンジニア、戦略コンサルタントが日々の業務、顧客との共創ワークショップ、デザインキャンプなどを実施しています。

3. IBMデザイン思考[2]

　IBMではデザインを「成果の背後にある意図」と定義しています。これは、ポール・ランドが「フォルムとコンテンツ」の両方をデザインするといったことと似ています。意図＝思考が背後にあり、それを形にすることにより、成果となっていくのです。ユーザーを理解し、共感することによりその「意図」を創造し、それを実際の解決策として形づくるためにデザイン思考を使っています。

　IBMデザイン思考は、現代の企業の求めに応じて、迅速かつ大規模にデザイン思考を適用させるためのアプローチです。チームを形づくり、行動を起こすためのフレームワークであり、「意図」を目にみえる形にすることにより、市場にその成果である解決策を届けることに役立っています。その成果とは、人々の生活に役立つ製品であったり、サービスであったりさまざまです。

●原理原則

　それではどうすれば、ユーザーをより良く理解できるのか？　どうすればユーザーのニーズを満たすことのできる画期的な解決策を届けることができるのか？　どうすれば企業全体に迅速に展開できるのか？　こうした質問に答えるのは簡単なことではありません。IBMデザイン思考は、こうした質問の核心に答える3つの原理原則から始まります（図3）。この原理原則は、ユーザーの期待を満たし、さらには期待を超える解決策を届けるための基礎となります。この原理原則は、頭ではなく心に響くことを目指しています。

　　・**ユーザーの成果に焦点をあてる**：ユーザーのニーズを第一にする

82＿＿＿＿＿第4章　デザインによる企業改革

ユーザーの成果に焦点をあてる
 多彩なチームをつくる
 絶え間なく進化する

図3. 3つの原理原則

- **多彩なチームをつくる**：専門性をまたがったコラボレーションにより、素早く、より賢く働くチームをつくる
- **絶え間なく進化する**：すべてはプロトタイプである。傾聴し、学び、そこから修正する

この3つを順にみていきましょう。

- **ユーザーの成果に焦点をあてる**

　顧客の成功に全力を尽くし、ニーズに耳を傾け、未来を描く必要があります。ユーザーのニーズを第一とすることで、目標を定めます。ソリューションを使う人々の必要性、ニーズに基づいて優先順位を決めるのです。ワトソン・ジュニアは、「ビジネスにおいて、デザインは実用的かつ美的でなければならない。しかし何より重要なのは、良いデザインは人の役に立つということなのだ」と語っています。人の役に立つ、すなわちユーザーに成果をもたらすということが、すべてにおいての最優先事項になるのです。

ユーザーを道標にしよう

　誰もが、製品・サービスをより良くデザインしたいと望んでいます。

問題は「より良く」というのが、人によってまったく違うことです。まったく同じ製品・サービスをデザインする際に、誰にとって「より良く」するのかによって出来上がるものはまったく違うものになるでしょう。我々は常にユーザーを北極星に見立てて、ユーザーを道標として進んでいくことを信条としています。ユーザーがすべてのアクションの道標となり、ユーザーにもたらした価値を基準として成功を図ります。開発プロセスの初期からユーザーを巻き込むことで真の課題を理解することも、アイデアに対するフィードバックを得ることもできるのです。

　これはユーザーのいうことを鵜呑みにするということではありません。ヘンリー・フォードの格言に「お客様に何が欲しいかを聞くと、もっと速い馬が欲しいと答えるだろう」という言葉があります。ユーザーは必ずしも、自分の欲しいものをわかっているとは限りません。速い馬が欲しいわけではなく、早く移動したいという欲求があるということを見抜くことにより、ユーザーがまだ知らない自動車を提案することができるのです。だからこそユーザーの声を聞き、ユーザーの活動を観察し、そこから真の課題を洞察することが大切なのです。それを突き詰めることにより、より良い解決策を提示するのです。

　良いデザインとは「どうしてこんなモノが今までなかったのだろう」と感じさせる、存在してもあたり前なのに、誰も気づかなかったものなのではないでしょうか。

・多彩なチームをつくる

　素早く動かなければならないとき、段階的に進めていく時間はありません。多様で多彩なメンバーがチームに必要になります。団結し、速やかに取り組む必要があります。多様性のあるチームを立ち上げられたら、準備は完了です。「早く行きたければ一人で行け、遠くまで行

きたければみんなで行け」という言葉があります。より遠くまで、より高いところまで行くためには、同質のメンバーだけではなく、多様性を持ったチームを編成する必要があります。

チームとして協力する

　協力的なチームは素早く動くことができます。さまざまなインサイトやアイデアをチームで共有し、素早くそれを採用したり、不採用にしたりする。こうした協力関係は、段階的に進むウォーターフォール型のプロセスではなく、多彩な専門性を持つメンバーがリアルタイムに協力するプロセス、同じ目標を目指して一つになっているチームでなければ実現できません。

　多彩な専門性を持つチームは素早く動くだけではなく、賢く動くことができます。世界をさまざまな視点でとらえ、そこからユニークなインサイトに近づくことができ、チームとしての考えを進めることができるのです。課題に対して深い知識を持ったメンバーとその課題に対する知識がない新しいメンバーを一緒にしましょう。決して新しい人たちだけにしてはいけません。新しい視点と深い知識、この融合が新たなインサイトのもとになるのです。

チームで考える

　IBMデザイン思考には、「共感する：まずお互いに、そしてユーザーに」という表現があります。コラボレーションの文化は必要不可欠ですが、それは一朝一夕には成り立ちません。お互いの信頼関係と多彩な専門性に対する尊重のうえに初めて成り立つのです。信頼関係を築くためには、お互いに共感することが必要です。何が共通点なのか、趣味は何か、といった単純なことからチームのメンバーに個人的な関心を寄せること、そして理解し合うことがすべての始まりになります。

　ユーザーの成果に焦点をあてると、技術開発、デザイン、マーケティ

ングのどこかの組織が成功するのではなく、チームが全体として成功したり、失敗したりするのです。実際に日本企業の皆さんとデザインキャンプを実施すると「お客様にとって『より良い』ことを考えると、部門のエゴよりもお客様のためになることを考えるようになる。通常は対立しがちな部門が協力できるようになる」という声をよく聞きます。ユーザー・顧客を中心に考えることで、チームにまとまりがでてくるのです。そして、チームとして一緒に働き、意思決定を行い、ほかのメンバーのアイデアの上に乗っかることにより、各人の強みをより強化できるのです。こうしてプロジェクトの難しい局面でも、お互いを信頼し、頼り合うことのできるチームへと成長していくのです。

・絶え間なく進化する

すべてはプロトタイプです。すでに市場に出荷された製品や提供されているサービスあっても、プロトタイプの一つであると考えることが重要です。すべてを次の繰り返しのサイクルの一つであると認識することにより、実際の顧客に提供した解決策をより良いものに改善していくことが可能になります。

すべてはプロトタイプである

製品・サービスとして現在利用されているものが最終形ではないと考えることが大切です。不変的な人々のニーズを新しいやり方で解決することができます。例えば、A地点からB地点へ移動することが人々のニーズだと考えれば、昔の馬車というのは今日の自動車のプロトタイプといっても過言ではありません。今日の自動車は未だみぬ明日の画期的な移動手段のプロトタイプなのかもしれません。問題はA地点からB地点へ移動するということであり、自動車というその適用形態ではないのです。

完全性を求めるより行動する

完璧なものが完成することはないので、完全な製品やサービスが出来上がるのを待ってはいけません。いつリリースするかをチームで判断する必要があります。そして判断の基準となるのは、ユーザーにとっての価値がどの程度あるのか、という基準になります。仮に時間が無限にあったとしても、完全なる解決策にたどり着くことはないと理解して、行動することが重要です。

IBMデザイン思考は、完全性よりも行動することに重きを置いています。時間をかけて、完全性を追求した製品やサービスが必ずしも市場に受け入れられるわけではなく、ユーザーに価値を提供した製品・サービスが市場に受け入れられるのです。そしてそのユーザー価値をできるだけ早く市場に提供して、ユーザーからのフィードバックを得て、変更していくのです。この繰り返しにより、解決策は進化していくのです。

●終わりのないループ

IBMデザイン思考の中心は、ユーザーのニーズを理解し、より良い未来を思い描くということです。ユーザーを観察し、観察を反映して熟考し、創作する。創作したプロトタイプをユーザーが試している姿を観察し、そこからの気づきを反映することで、また考え直し、新しいモノを生み出していくプロセスです。観察・熟考・創作を繰り返し、切れ目のない輪で製品・サービスを進化させていく、これが終わりのないループです。

何をしたいかという意図を熟考することからユーザーに共感する旅を始めることもできます。そして創作し、観察することにより新たな可能性を導き出し、ユーザーへの理解を高めていくこともできます。どこから始めても良いのです。観察し、反映し、創作しても良いし、創作し、反映させ、そこから観察しても良いのです。常に継続的改善のサイクル

87

の中で動き続ける、これがループという考え方なのです。

　当初は、理解・探求・プロトタイプ・評価という世のデザイン思考で一般的なステップをとっていました。しかし、このステップではどうしても、段階的に物事を進めるという呪縛から逃れるのが難しかったため、それを改善するためにループという考え方が生み出されました。2012年にデザイン思考をIBMの文化の中心に据えると決め、さまざまな取組みをしてきた中で、常に改善を積み重ねていく、すべてがプロトタイプであるという考え方を浸透させることは簡単ではありませんでした。

　最初の一歩から3年が過ぎたとき、IBMデザイン思考をバージョンアップする必要に迫られ、観察と行動という2つの丸を書きながら、これを行ったり来たり、ホワイトボードにぐるぐるとなぞっているときにループが生まれました（図4）。そしてそれは無限大を意味するインフィニティループの記号でもあり、我々が求める「すべてはプロトタイプである」というコンセプトと完全に一致するものだったのです。

　このループの中にあるのは次の3つの点です。

- **観察**：ユーザーとそれを取り巻く世界を知り、未だみつかっていない彼らのニーズをあぶり出し、アイデアに対してフィードバックを得る
- **熟考**：ユーザーの理解を反映させることにより、新たな視座を形づくり、ありとあらゆる知識を統合し、深く考え、次に進むための計画を練る
- **創作**：つくりながら考える。手を動かすことで考え、あらゆる可能性をプロトタイプし、成果を世に出す

　余談になりますが、最初にこの「終わりのないループ」をみたときに、リーバスロゴを思い出しました（1章の図15）。IBMのスクリーンセーバーにこの真ん中の蜂がIとMの間を飛び回るものがあるのですが、それとこのループを見比べると、I（Eye：観察）とM（Make：創作）との間を

88　　　　第4章　デザインによる企業改革

図4.
終わりのないループ

飛び回るこの蜂（Bee）が観察と創作を行ったり来たりしながら、熟考を重ねるチームなのではないかと思えてくるのです。あの蜂がこのループを描いて何回もループの上を飛び回る様が想像されるのです。

　さて本題に戻って、終わりのないループの観察、熟考、創作のそれぞれを順にみていきましょう。

・**観察する**

　頭の中にある前提をかなぐり捨て、頭からユーザーの世界に飛び込んでいきましょう。観察することがすべてです。

ユーザーの世界に入り込む

　意味のある成果は、ユーザーがもつ現実世界の問題を理解することから生まれます。理解するためには、ユーザーが普段接している世界に、自らを没入させることが必要です。新しいチャンスや今あるアイデアを評価するときには、いったい誰の、どんな困りごとに対して役立とうとしているのかを明確にする必要があります。質問を投げ続けましょう。目に映るもの、耳に聞こえる音に、心を傾けてみましょう。すぐ判断せずに観察し続けるのです。アイデアが浮かんだら、それを現実の世界に投げかけてみてください。良い観察者とは、自分がわかっ

ていないということを知っています、無知の知です。そして何がわかっていないかを探求するのです。

　初期のデザイン改革の一員であったチャールズ・イームズがいうように「ユーザーを理解することを人任せにしてはいけない」のです。チームとして観察し、そこで得た気づきをみんなで共有する、チームのメンバー全員がユーザーと触れ合う機会を持つことができれば、より良いでしょう。多彩な専門性をもつメンバーがそれぞれ別の視点を持ちつつユーザーを観察する、それを共有することにより新たなアイデアの種が生まれてくるのです。

ユーザーの前に人を知ろう

　共感は、人を人として知ることから始まります。ユーザーである前に人なのです。人がどのようにヒト、モノ、コトと関わるのか？　どんな環境で生活し、どんな仕事をしているのか？　普段どんなことをいっているのか？　彼らの言葉に耳を傾けてみてください。期待や不安は何か？　目的は何か？　何が彼らを動機づけているのか？　生活の中で何に喜びを感じ、何に怒りを感じるのか？　感情の浮き沈みを自分がユーザーになった気持ちで感じてみることが重要です。

ニーズを発掘する

　ユーザーは、ニーズを言葉にできるとは限りません。だから彼らの言葉の行間を読み、それを発掘するのです。彼らの課題の背後にある真実をあらわにし、それがうまくいかなかったらどんな危機に陥るのか、あたり前のモノ・コトに疑問を抱きましょう。偉大な発見は、しばしば観察によってみつけられてきましたが、最初は説明できないモノ・コトから始まるのです。そしてそれは、なんでこんなあたり前のモノが今までなかったのだろうとユーザーに心地よさを持って受け入れられるのです。

　ありそうでなかったモノを発掘する。そのために今までみえていなかっ

90　　第4章　デザインによる企業改革

たモノを観察するのです。そのためには、なぜそうなんだろうか？　と自問を繰り返すことが必要です。「なぜ？」を5回繰り返すのです。あたり前だと思っていたこと、見過ごしてしまいそうな小さなことが、ユーザーのニーズを発掘するためのヒントになるのです。

ユーザーのまわりを見渡す

　似たような問題を解決した人やいろいろな物語からインスピレーションは得られます。競合他社、コラボレーター、あるいはメンターを探しましょう。ユーザーは自分の仕事や作業を楽にするために、いろいろと工夫しています。ソフトウェアの世界では、例えば自分でつくったショートカットといったものがあります。あるいは、PCに貼ってある手順をメモしたふせん紙などもアイデアの源になります。これらはアイデアの源です。ユーザーのまわりには、仕事を楽にするためのさまざまな工夫が存在しています。そうしたユーザーがひと工夫していることを見過ごさず、解決策のアイデアにしましょう。

ユーザーテストを行う

　アイデア、前提、プロトタイプをユーザーの手に触れさせることで検証してみてください。ユーザーがどのようにそれと関わるのかを観察し、彼らの言葉に耳を傾け、そしてそこからできる限りのフィードバックを得るのです。重要なことは、このテストの際に、アイデアを売ったり、承認をもらったり、言い訳したりする必要はないということです。静かに観察すれば、きっとそこに思いもよらなかった使い方を見つけることができるはずです。そしてそれこそが、アイデアを次のレベルに昇華させるためのヒントになるはずです。

・ 観察のための質問

　観察をどこから始めるのがよいかわからなかったら、以下に列挙した

質問に答えてみてください。その質問に対する答えが未だ検証が終わっていない前提条件のうえに成り立っているのか？　あるいは、以前観察したときから前提が変わってしまっていないか？　といった点を考えてみることにより、次のアクションが明らかになるはずです。

誰がユーザーなのか？

- ユーザーの価値観や信条は何か？
- ユーザーは何をみて、どんなことをしているのだろうか？
- ユーザーは何を考え、どんなことを感じているのか？
- どうしたら楽しい気持ちになったり、また、なぜ辛い気持ちになったりするのだろうか？

ユーザーのニーズは何か？

- ユーザーが問題と思っているのはどんなことか？
- ユーザーにとって成功とは何だろうか？
- 得られたり、失ったりするものは何だろうか？
- 何がユーザーの成功を阻むのだろうか？

ほかに何があるか？

- 似たような問題を解決したことがある人は誰だろう？
- 何が成功しているのか？　またそれはなぜか？
- 何が失敗しているのか？　またそれはなぜか？
- そこから何が学べるのだろうか？

ユーザーからのフィードバックはどのようなものか？

- フィードバック・セッションに参加することをどのように感じているのだろうか？
- 我々のアイデアにどう反応しているか？
- ほかにどんな意見やアイデアを持っているのだろうか？

こうした質問に答え、考えることで、そこから自分たちが何をわかっ

92　　　　第4章　デザインによる企業改革

ていて、何をわかっていないかを知ることは重要です。

・**熟考する**

　観察から得たインサイトを反映させ、デザインの意図（想い）を考え出します。観察したことからの学びを反映させ、さまざまな視座・視点から、熟考に熟考を重ねて、計画にまで落とし込んでいくのです。

　状況、目的、そしてユーザーへどのような形で「違い」を生み出すかが良い意思決定のもととなります。個人として熟考することも重要ですが、チームとして熟考することにより、より良い成果を生み出す礎になります。先に進む前に、観察したことや創作したモノの意味を考える時間を取ることは重要です。みたこと、聞いたこと、感じたことをリプレイし、アハ・モーメントの瞬間に何を思いついたかをみんなと共有するのです。熟考するときは、それがポジティブであれ、ネガティブであれ、観察したことに正直になり、聞いたことに心を開いていなければいけません。さまざまな観点を理解するために共感力を総動員し、変化に対して柔軟に対応し、そして自分の価値観からは外れないようにしなければいけません。最初は難しいかもしれませんが、練習を積み、フィードバックを得ることでそれが可能になります。ユーザーを観察して、そこで感じた疑問を考え抜くことで、アイデアになっていくのです（図5）。

共通の土台をつくる

　チームあるいは組織として、何を共通のアイデンティティとしているかを明らかにすることは重要です。チームメンバーを人としてよく知り、ユーザーと同じように共感することが重要です。チームの多様な経験を尊重し、異なるスキルを持っていながら、お互いに共感できる土台を見極めていく必要があります。みんなの強みと限界を知っておくことは、コラボレーションの土台になります。

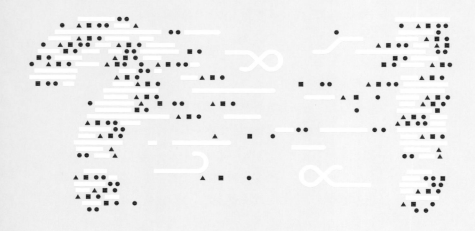

図5. 観察での小さな疑問(?)がアイデア(!)に変わる

インサイトを発掘する

　インサイト（洞察）は、観察したことを別の言葉で言い換えることではありません。良いインサイトとは、新たな視点を提供したり、何が重要かに対する確信を覆したりするものです。価値観、信念、観察、知識を総動員して、隠れた知恵を導き出すのです。発見するまではそれは目にみえないものですが、発見すると、なんでこんな簡単なことに気づかなかったのだろうと思うこともよくあります。

チームを同期させる

　ユーザーに対する共通の理解、解決しようとしている問題、意図している成果に対してチーム全体を同期させることが重要です。誰もがループの中にいるようにしなければいけません。そして誰もが等しく意見を

いえる環境をつくる必要があります。次に進む前に何をするのかを合意
しておく必要があります。

前倒しに計画する

　自分の考え方が発展しても、やみくもに前に進んではいけません。次
の一歩を踏み出すのか、もう一度繰り返すのか、どちらにせよ時間を先
読みしてから決めるべきです。

・ **熟考のための質問**

　熟考をどこから始めればよいのかがわからなければ、以下の質問に答
えてみましょう。そうすればそのヒントがみえてくるはずです。

自分たちは何者か？

・我々の利害関係者は誰か？

・我々の価値観と信条は何か？

・我々がコントロールできることと影響力があるものは何か？

・誰を頼れるのか？　我々は誰に頼られているのだろうか？

自分たちの意図（想い）は何か？

・ユーザーは誰なのか？

・どんな問題を解こうとしているのか？

・ユーザーにどんな価値を提供したいのか？

・我々が得るもの、失うものは何か？

・成功を阻害するものは何か？

何を知っているのか？

・何を観察したか？　何を創出したか？

・うまくいったこと、うまくいかなかったことは何か？

・どんなインサイトを持っているか？

・知らないことは何か？

・創作する

創作するということは取りも直さず、抽象的なアイデアを具体的な形にすることです。意図（想い）を現実のモノあるいはコトに変換することです。

手を動かさなくては何も生まれません。分析麻痺症候群という言葉があります。分析ばかりして、先に進めなくなってしまうことですが、これを避けるためにも手を動かすことは重要です。アイデアに自信がないから、あるいはつくるのは最後に、という教育を受けたからなのかはわかりませんが、つくってみるということが置き去りにされることがよくあります。もう後戻りできないところまで来てからモノをつくり、多額の予算を棒に振った例は多いと思います。

本当のところ、すべてを知ることはできないのですが、ある程度知ることは可能です。そこで思い切って手を動かして形にしてみるのです。早くつくればつくるほど、早く学ぶことができます。深く検討していないアイデアも試してみるという好奇心を呼び起こしてみましょう。早く、短いサイクルで小さな失敗をすれば、大きな失敗を避けることができるかもしれません。アイデアを世に出すことにもっと大胆になっても良いのではないでしょうか。

コンセプトを伝える

同じ言葉を使っていても、他人とまったく同じことをイメージできていることはまれです。百聞は一見に如かず、アイデアを話すのではなく、できるだけお金のかからない方法でみせるのです。スケッチでも良いし、ダンボールの下手な工作でも、その辺にある文房具を組み合わせてつくってもいいのです。それにより、コンセプトがより明確に共有されます。そしてそこから議論が生まれてきます。

アイデアを探求する

アイデアが完全になることはないので、完全になるのを待つ必要はあ

りません。手を動かして、完成していないアイデアや考えを現実の世界と合わせてみましょう、そこで何がうまくいき、何がうまくいかなかったかをみつけることができるのです。

アイデアに行き詰まったら、ほかのメンバーを巻き込み、つくったもの同士を組み合わせたり、変身させたりすると新しいものが生まれてくる可能性が高まります。いろいろ試してみましょう。

可能性をプロトタイプする

プロトタイプで実験することにより憶測や推測、無意識の前提をみつけ出すことができます。プロトタイプをする際には、完成度にこだわらないようにしましょう。フィードバックを得られるレベルの完成度で十分です。

実用最小限の成果を世に出す

アイデアが良いものだとチームが合意したら、その意図（想い）を成果として世に出してみましょう。すべてを知ることはできないのですから、すべてを知る前に動き出すのです。詳細を詰めていくにあたり、ユーザーの声に傾聴し、学び、修正しながら進めていきましょう。最初のリリースは始まりに過ぎません。そこから学ぶことにより新しいものが生まれていくのです。

・**創作のための質問**

創作するために、以下の質問に答えてみましょう。

何が可能か？

・何がつくれるのだろうか？

・何がつくれないのだろうか？

・アイデアを組み合わせたらどうなるか？

・ほかに何かつくれないか？

97

それは何か？

・それで何ができるのだろうか？

・どんな形をしているのか？

・部分はどうなっているのか？

・何と関係しているのか？

我々は何をいっているか？

・我々が意図する成果は何か？

・ビッグ・アイデアは何か？

・何を人にみせたいのか？

どうやってつくるか？

・どのような手順でつくるか？

・どう配置するか？

・どう維持するか？

・意思決定にコミットする

　継続的改善に終わりはありません。その先の角を曲がると、より良い解決策があるかもしれません。ただし、その角までたどり着く時間は残っているでしょうか。もし決めたアイデアにコミットして先に進まなければ、せっかくのチャンスも水泡に帰すかもしれません。

決して終わりはない、そしてそれに備えなければならない

　持てる時間の範囲で、できる限り何回もループを回せれば良いのですが、決めるときは決めなければならないのです。そのときが来て、ベストと思われるアイデアにコミットしなければいけないのです。意思決定をするたびに、新しい疑問と詳細を思いつきます。その疑問を解くためには時間が足りないかもしれません。しかし常に備えなければならないのです。傾聴し、学び、そして修正し続けるのです。

● 3つの鍵

　5名ぐらいのメンバーでIBMデザイン思考を進めるなら、ループの
コンセプトだけで十分かもしれません。しかし、実際の世界では、複雑
な問題をより大規模なチームで解決しようとする場合が多いのです。デ
ザイン思考をIBMに適用する過程で、成功のための3つの鍵が生まれ
ました（図6）。大規模かつ複雑な企業にデザイン思考を適用するための、
最も重要なテクニックが3つの鍵です。より多くのメンバー、複雑なチー
ム、さまざまなプロジェクトでも、デザイン思考を使いこなすことが
できるテクニックをみつけたのです。それはどんな規模のチームにも
結果的には適用できるものでした。また、デザインすることだけでなく、
意味のある成果を生み出すことを助けてくれます。我々の言葉でいえ
ば「あの丘に登る」ことができるのです。その3つとは次の通りです。

- **目標の丘**：最も重要なユーザー価値に対して共通の理解を得るための鍵
- **プレイバック**：チームだけでなく利害関係者も含めて巻き込みプロ
  ジェクトに対しての共通理解を得るための鍵
- **スポンサー・ユーザー**：実際のユーザーと共創をすることにより、
  暗黙の前提とユーザーの現実のギャップを埋める鍵

続いて、これらを順に説明していきます。

・ 目標の丘

　目標の丘とは、「製品・サービスのミッションとスコープを表すユーザー
視点で書かれた一つの文章」です。このプロジェクトにおいて、ユーザー
にどのような価値を提供するのか、というデザインの意図を表現したも
のが、目標の丘になります。この文章を絶えず洗練し、この目標に向か
うことで、デザイナーと開発チームは求めるべき市場での価値に集中す
ることができるようになるのです。

図6. 3つの鍵

　目標の丘を構成するのは、Who、What、Wowの3つの要素です。Whoはターゲットとするユーザー、Whatはそのユーザーができるようになること、Wowは「心を動かすモノ・コト」です。

　これらを次のような一つの文章にまとめます。「〜の人が、〜できるようになり、〜といった感動が生まれます」。ユーザーを主語とし、ユーザーのWowと行為を文章化することにより、フィーチャー（機能）ではなく、真に顧客に役立つことをリリースすることに集中できるのです。ワトソン・ジュニアのいう「何より重要なのは良いデザインは人の役に立つ」ことなのです。例を挙げると「忙しい女性が、時間がないときでも、一瞬で完璧に、そのときにしたいメイクができる」といった文章になります。Wowの「時間がないときでも、一瞬で完璧に」という文章が、デザイン思考における創造性を刺激するのです。

　目標の丘を書くときに、最初から完全なものを書く必要はありません。問題に対する理解が深まるとともに、目標の丘も進化していきます。すべての草案は、そのときに理解した中での最高のものなのです。反復を繰り返すうちに、目標の丘も成長していくのです。そしてプレイバック・ゼロ（関係者も巻き込んだ最初のキックオフ）のときには、その目標の丘にコミットする必要があります。

３つの丘と１つの基礎

「何をやってもいいが、すべてをやることはできない」のです。賢く選択し、それを完璧にやり遂げることが必要です。目標の丘は、ユーザーにとって最も価値のある成果に対する投資を明らかにし、組織にとって最も重要な差別化要因である必要があります。浮き足立ったり、心が揺らいだりしないように、目標の丘は３つにすることを推奨しています。現実には、ユーザー価値を提供しないが、ベースラインとしての基礎をつくるためにリソースを割り当てることが必要になることも多いのです。過去のリリースの不具合を修正したりするプロジェクトに必要な基礎工事も重要です。したがって、１つの基礎がベースとなり、３つの目標の丘をユーザー価値の視点で記述することによって、デザインにおける意図をつくり出すのです。１つの山ではなく、３つの丘にしていることも重要な要素です。１つの山にすると、どうしてもたどり着くまで時間がかかります。大きすぎる山ではなく、比較的小さな丘を３つ、そして必ず１つの丘にはユーザーへの価値を含めて、リリースにかかる時間を短くしていくのです。

チームに権限を与える

目標の丘は、どこに行くかを教えてくれますが、どのようにしてたどり着くかを示してはいません。それはチームに委ねられるのです。目標の丘により、チームに自主裁量権が与えられ、大きな絵の中にあっても目標を失わず、チームのクリエイティビティを尊重することが可能になります。

１つの目標の丘のまわりに、多彩な専門性からなるチームをつくり、各チームがその目標の丘にたどり着くためのスキルと権限を自己完結的に持つことができるのが理想です。

リソース配分を決定する

３つの目標の丘と１つの基礎にリソースを配分しましょう。それぞれのユーザーに対する価値と、組織における価値、これに照らし合わ

せて適切な投資をするのです。そしてそれぞれの目標の丘に対する投資は、独立させておく必要があります。

・ **プレイバック**

プレイバックは、「プロジェクトチーム、利害関係者、クライアントが、ユーザー・シナリオ を中心として、ユーザー価値に対して、どこまで実現できているか？　を確認するためのマイルストーン」と定義されます。ここでは、チームはユーザーに「目標の丘」で定義した価値を提供できているかをスポンサー・ユーザーとともに確認し、フィードバックやアイデアを得るのです。

プロジェクトの進捗率と課題に焦点をあてる通常の進捗会議とは異なり、プレイバックでは目標の丘で定義された Wow（ユーザー価値）に焦点をあてます。進捗会議ではややもすると進捗だけに焦点があたり、マーケットに提供しようとした Wow が実現できそうなのか、本当に出来上がりつつあるのかがみえにくくなる場合があります。目標の丘に本当に向かっているのかをさまざまな視点で確認するのです。

共通の理解を得るために

すべての人がすべてのプロジェクトの中で一緒に行動できるわけではありません。人の視点によっては、時が経つにつれてプロジェクトが蛇行しているように映るかもしれません、利害関係者はあなたのチームが発見したインサイトについて、わからないことも多いものです。プレイバックは、チームと利害関係者が進捗だけでなく、その目標の丘で定義した価値を提供できているかを確認し、フィードバックするための場なのです。プレイバックが成功すれば、あなたのチームは解決策へとまた一歩近づいていきます。もし理解の違いが明らかになっても慌ててはいけません。素早く失敗することが成功の証です。そこからの学びで修正

102 _____ 第4章　デザインによる企業改革

していけば良いのです。

　プレイバックはさまざまな形で行いますが、**IBM**デザイン思考の基本的な考え方は「語るな、みせろ」です。スケッチでみせても良いし、デモをみせても良いのです。言葉だけでは常にすれ違う関係者をプロトタイプなど、さまざまな手法を使って共通の理解に導くのです。

関係者を巻き込む

　すべてのプロジェクトには関係者がいます。プレイバックは、プロジェクトを遅らせることなく、関係者をプロジェクトに巻き込むためのテクニックです。もしかしたら営業部やマーケティング部を巻き込まないといけないかもしれません。プレイバックでは、立場に関係なく発言することが許可されています。これは、プレイバックが組織における意思決定の権限を無視するものではなく、フィードバックを受けたり、提供したりするセーフティーゾーンであると認識されているからです。副社長であれ、メンバーであれ、プレイバックでは等しくフィードバックすることが推奨されています。

ユーザーに焦点をあて続ける

　プレイバックでどのような会話をしたとしても、ユーザーがその中心にいなければいけません。彼らの顔をみて、名前で呼び、彼らの価値観、信条、知識からの意見に耳を傾けるのです。プレイバックの参加者がユーザーに共感すればするほど、フィードバックは価値のあるものになっていきます。また、プレイバックはいつでも実施できますが、マイルストーンとして設定すべきプレイバックは以下のようになります。

- **目標の丘のプレイバック**
- **プレイバック・ゼロ**
- **デリバリー・プレイバック**
- **クライアント・プレイバック**

目標の丘のプレイバック

　問題を解く前に、どの問題を解くのかをみんなで合意する必要があります。目標の丘のプレイバックは、ユーザーを含む利害関係者とプロジェクトが意図する成果に関して確認する場です。組織の戦略と目標の丘へのつながりから始めてみましょう。ロードマップを提示することにより、その目標の丘がどこに位置するのかが明確になります。３つの目標の丘と１つの基礎、それに必要なリソースを議論することが大切です。

　目標の丘のプレイバックはできるだけ早いタイミングで、頻繁に実施することが推奨されます。完成するまで待ってからプレイバックするより、ある段階でできるだけ早く共有することにより、「そんな話は聞いてない」という事態が発生することを減らすことができるのです。ちなみに、「そんな話は聞いていない」というような人は、味方につけると非常に心強いことも多いのです。筆者の経験では「そんな話は聞いていない」は、「なんで私にもっと早く聞いてくれないのか？」という意味であることも多いような気がします。

プレイバック・ゼロ

　３つの目標の丘が明らかになり、ユーザーへどのような価値を提供するかの大枠が決まり、作業にかかる時間と工数が明確になったタイミングで、プレイバック・ゼロを行います。プレイバック・ゼロは企画段階から脱して、開発も含めた次の段階へ進む開始の合図なのです。実際のハードな作業が始まる直前にプレイバック・ゼロを実施し、チーム全体と幅広い利害関係者にこれからマーケットに届けるユーザーエクスペリエンス（UX）を宣言し、合意するのです。プレイバック・ゼロは、関係者全員の合意によって終えるのが理想です。

　また、ここではUXに焦点をあてます。一つひとつの目標の丘におけるユーザーの旅の物語を語ります。そして解決案をできる限り、可視化

しましょう。そこでのフィードバックを反映できる程度の完成度で良い
のですが、十分なフィードバックを得られる程度に具体的である必要が
あります。十分なコマ割りで全体像を把握できるようにし、1コマ1コ
マの詳細にこだわってしまうのを防ぎます。

デリバリー・プレイバック

デリバリー・プレイバックは、目標の丘で意図した成果に対する進捗
を確認します。これにより、現在開発中のUXに焦点をあてることがで
きます。デリバリー・プレイバックでは開発中のリアルな解決策を用い
てユーザーの物語を語ります。モックアップやプロトタイプに限る必要
はありません。ソフトウェア製品を開発している場合は開発途中のソフ
トウェアコードを使っても構いません。

デリバリー・プレイバックは重要なデリバリー上のマイルストーンに
合わせて開催します。例えば、もしアジャイル開発のスプリント（開発、
まとめ、レビュー、調整の繰返し）で行う場合は、各スプリントごとに
デリバリー・プレイバックを実施します。デリバリー・プレイバックが
うまくいったら、実際のユーザーにプロジェクトの成果をリリースする
かを判断します。ユーザーに価値を提供できないリリースは決して行っ
てはいけませんが、あまり長い間隔をおくこともよくありません。実際
のユーザーにリリースすることにより、実世界のユーザーの行動を観察
することができるようになります。これにより、素早く方向を修正する
ことができるのです。図7の左側の絵は、3つの丘を持つ山とそこに至
るいくつかのプレイバックを表現しています。

クライアント・プレイバック

プレイバックは、社内の関係者だけでなく、クライアントとコミュニケー
ションを図る場として使うことも可能です。実際にその製品・サービスを
購入するユーザー、あるいは購入したユーザーを招待することも有効です。

105

図7. 目標の丘とそこに向かうためのプレイバック（左側）とスポンサー・ユーザー（右側）

次に何がリリースされるのかに興味を持ってもらい、なおかつ品質に対するフィードバックを得ることにも役立ちます。クライアントをプレイバックに招待する際には、守秘義務契約などにも気を遣う必要があります。

・スポンサー・ユーザー

　3つ目の鍵は、スポンサー・ユーザーに参加してもらうことです。スポンサー・ユーザーは、目標の丘で明示された課題を解くために、チームを支援する実在のユーザーです。スポンサー・ユーザーは、ユーザーを理解するときやプロトタイプによる解決策の実効性を確認するときなど、さまざまな場面でチームを助けてくれます。フィールドリサーチやチームの設定したペルソナに、よりリアルな人々の情感を伝えることができるようになります。

　ペルソナをつくり、それに基づいてサービスをデザインしていると、いつしか実際のユーザーを忘れてしまい、壁に貼ったペルソナだけを

みて失敗する例がみられます。これを避けるために、さまざまな形で
スポンサー・ユーザーを探すことが重要なのです。スポンサー・ユーザー
に、チームとともに観察し、熟考し、創作することに参加してもらう
のです。そのようにして、ペルソナもプロジェクトとともに、成長さ
せていくことが重要です。ここでは、スポンサー・ユーザーの活活用
方法について解説します。

共感のその先へ

パイロットでもないのに飛行機を着陸させることを想像してみてくだ
さい。チームにパイロットがいてくれることの方がどんなに頼もしいこ
とでしょう。

スポンサー・ユーザーは実際のユーザーか、ユーザーになりうる可能
性のある人で、チームに実際の経験をもたらします。彼らは受動的な被
験対象ではなく、アクティブな参加者でなくてはなりません。チームと
一緒になり、彼らにとって意味のある成果を届ける手伝いをしてくれる
のです。彼らがいるからといって、デザイン・リサーチやユーザビリティ
調査を省くことはできませんが、彼らとの関わりから、チームの暗黙の
前提と現実のギャップを埋めることができるようになります。

会社ではなく、実在の人

企業向けユーザー体験のデザインでも、スポンサー・ユーザーは例えば、
「世界銀行」であってはなりません。世界銀行で投資アドバイザーをし
ているジェーン・スミスさん（仮名）でなければならないのです。実際
の経験をもつ実在の人物でなくてはいけないのです。そしてスポンサー・
ユーザーの世界をみせてもらうのです。彼らが新鮮な視点でモノをみる
ことを助け、彼らからのインサイトを共有してもらうのです。そしてチー
ムのインサイトを共有することにより、スポンサー・ユーザーと一緒に
いなければみることができなかった物語を発見することができるのです。

107

スポンサー・ユーザーと目標の丘

1つの目標の丘に最低1人のスポンサー・ユーザーを入れるように推奨しています。ターゲット・ユーザーが明確になり、目標の丘が徐々に形づくられていく過程で、必要とされるスポンサー・ユーザーが明らかになってきます。そこで初めて、スポンサー・ユーザーのリクルーティングを始めるのです。

スポンサー・ユーザーをみつける

スポンサー・ユーザーをみつけるのは、簡単ではありません。簡単ではないからといって、誰でもいいわけではないのです。目標の丘に適した属性のユーザーをスポンサー・ユーザーとして採用しましょう。そして、スポンサー・ユーザーと決めたら、大切に扱いましょう。彼は未来の伝道者なのです。

極端なユーザーをみつける

ユースケースに対して特別な要求をもつ人々をみつけ出しましょう。あなたの製品・サービスに依存している人をみつけ出すのです。極端なユーザーとは、ターゲット・ユーザーの中における極端なユーザーのことを指します。例えば、家族のためのミニバンを開発しているときに、F1ドライバーは必ずしも最高のスポンサー・ユーザーではないかもしれないということです。

気にかけてくれるユーザーをみつける

良いスポンサー・ユーザーは、プロジェクトのチームメンバーと同じように、成功を祈っているものです。プロジェクトの成果が彼らの問題を解決するだけではなく、協力者としてプロジェクトに大きな足跡を残すのです。

期待を管理する

スポンサー・ユーザーになるということは、フルタイムで働くとい

うことではありませんが、コミットしてもらう必要があります。両者がスポンサー・ユーザーとしての契約条件をしっかりと理解し、共有する必要があります。チームの必要性を説明し、定期的に会う時間を決めます。彼らの時間を尊重し、彼らのスケジュールに柔軟に対応することもとても重要です。最も重要なことはインサイトとアイデアをしっかりと聞くことです。

一緒に熟考する

スポンサー・ユーザーの意見に耳を傾けましょう。彼らをプレイバックに招待しましょう。彼らにあなたの目標の丘を推敲することを手伝ってもらうのです。もし彼らが、この問題はまだ解けていない、あるいはさらに難しくなったと答えたとしたら、意図していない方向に進んでいることは間違いありません。実際に日本で実施したデザインキャンプでも、最初からスポンサー・ユーザーに参加してもらうことがあります。あるスポンサー・ユーザーは、最初は初日だけ参加する予定だったのに、ここでの議論が実際に自分にとって価値のあるものであることに気づき、2日目以降もぜひ参加したいといって、実際に参加していただいたりするのです。スポンサー・ユーザーの参加により、議論がより締まり、価値の高い目標の丘を書くことができました。

一緒に創作する

創作するときには、スポンサー・ユーザーにガイドになってもらいましょう。頻繁に相談してみるのです。より良いのは彼らが自ら進んで自分のアイデアを提供することができるような環境を整えることです。彼らが彼ら自身のアイデアを出せるよう、チームと一緒にプロトタイプをつくれるような環境をつくることが大切です。このようにしてスポンサー・ユーザーを巻き込み、チームの一員とすることにより、プロジェクトの成功確率は格段に向上するのです。

109

●デザイン思考とアジャイル開発を組み合わせる

デザイン思考は、問題解決を行い、製品やサービスの体験をデザインするために非常に優れたアプローチですが、必ずしもマーケットに製品・サービスを素早くリリースするためのアプローチとはいえません。製品・サービスを市場に提供するためには、それを開発し、検証し、修正し、リリースするためのアプローチが必要です。IBMでは、デザイン思考とアジャイル開発を組み合わせ、デザイン思考で見出したビッグ・アイデアをアジャイルに開発し、リーン・スタートアップでいうところのMVP（Minimum Viable Product：実用最小限の製品）をできるだけ早く、小さい費用で世の中に提供し、実際の顧客からフィードバックを得られるようにするためのアプローチを開発しました（図8）。このデザイン思考とアジャイル開発を組み合わせたアプローチで、IBMの製品・サービスをつくり出すとともに、クライアント企業のさまざまな製品・サービスのデザインと開発に適用しています。

アジャイル方法論におけるゴールは、チームがユーザーに価値を届け、そしてそれをいかに短期間で改善することができるかに尽きます。アジャイル開発手法を用いながら、継続的に改善していくのです。アジャイル開発手法は、チームが日々どのように協働し合うのか、最終的な成果をいかに継続的に改善していくか、に焦点をあてます。一方、IBMデザイン思考は人々が必要としているものは何かに焦点をあて、彼らの生活になんらかの違いを与える体験を実現するのです。アジャイル開発とIBMデザイン思考が相まって、初めて何かを届けることができるものと考えています。

IBMデザイン思考もアジャイル開発手法も、市場に対する成果、継続的試行学習、チームの協働を強調しています。IBMデザイン思考における成功の鍵は、実用的であること、試行学習を通じて学んだこと

110 ＿＿＿＿＿ 第4章　デザインによる企業改革

を実践に変えていくことです。

　多彩な専門性をもつチームをつくり、成功の3つの鍵である、目標の丘、プレイバック、スポンサー・ユーザーを適用することにより、実際のユーザーに焦点をあて、役に立つ解決策を検討していくのです。デザイン思考のテクニックを用いてユーザーに対する理解を深め、彼らの問題を解決し、素晴らしい何かを提供することができるに違いありません。もしまだどのアプローチが良いか判断できないと思うのであれば、覚えて欲しいことはたった一つです。「素早く失敗しろ」ということです。素早く試し、失敗することにより、新しいループを回すことができ、ループの回数が多ければ多いほど、正解にたどり着く確率が上がっていくのです。

　さて、ここまでは実践の手法としてのIBMデザイン思考について解説してきましたが、この手法を企業全体に行き渡らせるためにはどうすれば良いのでしょうか？　IBMが出した答えの一つがデザインキャンプです。それがどのように定着し、機能してきたのかを通して、皆さんの実践におけるヒントにしていただきたいと思います。

図8. IBMデザイン思考とアジャイル開発の組合せ

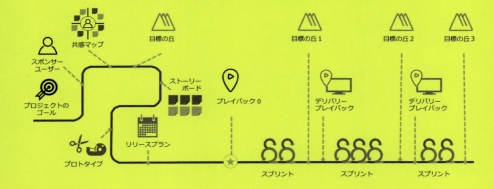

4. デザイン文化を定着させる仕組み

　企業全体にデザイン文化を浸透させていくためには、その基盤となるさまざまな仕組みが必要になります。近視眼的ではなく、長期的な視野に立ってデザイン改革を進めていくために、多くのしかけを実施する必要があります。

●IBMデザインキャンプ

　IBMデザイン思考は、デザイナーのみならず企業で新しい製品・サービスの開発とその販売、導入に携わるすべての人が使えるようにカスタマイズしたアプローチです。しかし、その思想とアプローチを会社全体に行き渡らさなければ、企業の文化を変えるほどの変革とはなりません。企業の文化に影響を与えるためには、より多くの人々がIBMデザイン思考の思想を理解し、実際に使いこなせるようにならなければなりません。デザイナーは、モノやコトを実際にデザインすることに加え、ノンデザイナーがデザイン思考を使いこなすためのファシリテーターとしての役割も重要な側面として求められるようになってきています。

　IBMでは、新しく採用したデザイナーに対するデザイン思考の教育に加え、ノンデザイナーであるエグゼクティブ、エンジニア、営業職、コンサルタントといったさまざまな人々へのデザイン思考の教育に力を入れています。この教育プログラムをIBMデザインキャンプと名付けて、広く展開しています。

・ 新規採用のデザイナーのための取組み

　新規採用のデザイナー向けのデザイン教育は3か月のプログラムで、

6週間からなる2つのプログラムからなっています。最初の6週間は、IBMにおけるデザインを学びます。この中には、アクセシビリティを、デザインコンセプトをつくる最初の段階から考慮するといった内容もあり、基礎研究所のアクセシビリティの研究チームからその研究内容の講義を受けるといったことも含まれます。

後半の6週間はよりハンズオンで、新規採用のデザイナーを7、8名のチームに分け、実際の開発プロジェクトに送り込みます。実際の開発プロジェクトにおけるユーザー体験の実現可能性やビッグ・アイデアの検討に参加するのです。彼らの提案内容が実際の製品・サービスに使われるかどうかは別として、製品開発チームは、新規採用のデザイナーたちから、今までとはまったく別の視点を得られることも多くあります。また、あるデザイナーは、開発チームの数理科学者とのやりとりが最初は非常に難しいものだったが、ユーザー視点ということを理解してもらうまでの苦労を経験することで、次第にデザイン思考のファシリテーターとしてのスキルの重要性に気がついたと語ります。

こうした3か月のプログラムにより、IBM流のデザイン思考を学ぶとともに、自社の特徴を知り、大きな企業の中でデザイナーが実力を発揮できるようにするのです。3か月の研修を終えたデザイナーたちは、各プロジェクトへと派遣されていきます。デザイン思考は、デザイナーだけのものではありません。デザイナーが自社の既存の開発チームと協業するためにも、製品開発チームがデザイン思考を理解することはとても重要です。

・製品開発チームのための取組み
製品開発チーム向けのIBMデザインキャンプは5日間のプログラムで、主にデザイン思考の手法とユーザー中心にモノ・コトをデザインすると

113

いう考え方を学びます。観察・熟考・創作のループと「目標の丘」、ス
ポンサー・ユーザー、プレイバックのやり方を、実際の開発テーマを題
材として実際に検討してみるのです。すでに200近い製品・サービスの
開発チームがデザインキャンプに参加し、IBMデザイン思考を学んで
います。このプログラムの特徴として、5日間の最終日に、開発チーム
のエグゼクティブを米国のオースティンなど、IBM Studiosの施設があ
るオフィスに招いて（実際にはテレビ会議や電話会議の場合もあります）、
現実的なテーマで彼らに対してプレイバックをするのです。教育プログ
ラムといいながら参加者は真剣です。

　筆者が参加したときも、クラウドサービスの開発チーム、ビジネスプ
ロセスアウトソーシングのチーム、ハードウェアの開発チームの3チー
ムが真剣に議論していました。おおよそ3〜5つの開発チームが7、8
名の関連メンバーで一緒に参加し、真剣に議論するので、まったく別の
テーマを検討しているチームからもさまざまなインサイトを得られ、社
内のトレーニングプログラムの中でも参加者の満足度のとても高い教育
プログラムとなっています。

　この5日間のプログラムを受けたメンバーは、自分たちのオフィス
に戻るとチームとしてデザイン思考のプログラムを実施し続けるとと
もに、自部門へデザイン思考を展開するエバンジェリストの役割も兼
ねていきます。部門によっては、世界中からメンバーを集め、5日間
のトレーニングで顔を合わせ、目標の丘を共有したのちに、自らの国・
地域に戻って、グローバルな地域に分散したままで開発を続けていくチー
ムもあります。常に顔を合わせられない開発チームでもデザイン思考
を続けていけるようにさまざまな工夫が盛り込まれています。クラウ
ドツールを用いて遠隔地でブレインストーミングを実施したりするこ
ともその一例です。

- **エグゼクティブのための取組み**

　デザイナー、製品開発チームがデザイン思考を理解、活用をはじめても、事業としてそのチームを管理しているエグゼクティブのメンバーがデザイン思考を理解していなければ、その推進は難しいでしょう。エグゼクティブ向けのIBMデザインキャンプは、デザイン思考の大きな流れと基本思想を理解することに加えて、製品開発チームに対して、どのような形でコーチングすべきか、といったことが議論されます。チームに活力を与え、チームが進むべき方向に対するガイダンスを与えるのが、エグゼクティブに求められます。そのため、これを実現するためにデザイン思考をどのように用いるべきか、ということが体験をもとに議論されていきます。

- **グローバル・デザイン・ウィーク**

　製品開発チーム、エグゼクティブのみならず、世界各国の営業組織、あるいは各国にいる事業部の技術者などへは、デザイン・ウィークという形で、IBM DesignのEducation & Activation（E&A）のチームが世界行脚します。IBM Designタウンホールミーティングや各事業部別のIBMデザインキャンプが実施され、その1週間はまさにデザイン・ウィークと呼ばれ、デザイン一色になります。E＆Aのチームは20名強のメンバーで、ほぼ毎週IBMデザインキャンプを世界中の社員に提供しています。世界各国の支社からの依頼も多く、半分以上のメンバーは世界のどこかに散っています。

　日本でも2015年10月20日のIBM Studios Tokyoの開設時にデザイン・ウィークが実施されました。日本IBMのエグゼクティブ、デザイン・コミュニティのメンバー、サービス、研究開発のチームを招いたタウンホールミーティングや、グローバル・ビジネス・サービス向けのエグゼクティ

ブ・IBMデザインキャンプ、ソフトウェア・グループ向けのIBMデザインキャンプなどが実施されました。また同時に、アクティベーション・プログラムということで、すでにIBMデザイン思考のトレーニングを受けた、公認インストラクターに対して、実践での疑問や悩みに応えるセッションも実施され、非常に盛況でした（図9）。

このようなさまざまな形で、IBMデザイン思考の実践のためのアプローチとして、新しく入ってくるデザイナーや、昔からいる開発チーム、事業を経営しているエグゼクティブに対して、IBMデザイン思考を、顧客視点で考えるための共通言語、イノベーションのフレームワークとして展開しています。

●重要なプロジェクトで実践する

ジニー・ロメッティからスタートしたIBMのデザイン改革は、先に説明したIBMデザインキャンプをエグゼクティブ向けに実施するのはもちろんのこと、さまざまなシニア・エグゼクティブのスピーチや、部門のイベントでも言及され、企業が真の意味で顧客中心に変わるのだと常に発信されています。繰り返しこそが最高の宣伝であるといわんばかりに、さまざまな分野でIBMデザイン思考の重要性が語られます。トップ・エグゼクティブから始まり、多くのエグゼクティブ、マネジメントがIBMデザイン思考の重要性と、顧客中心に物事を考えることの重要性を語るのです。

しかしながら、「このやり方が素晴らしい」というだけではなかなか人はついてきません。実際の成果をアピールすることも重要です。ここにも細かな仕掛けがあります。まずは、入念に計画し、さまざまな基準で選んだ8つのプロジェクトを最初に始動しました。そこに最も優秀な人材を投入することにより、実際のプロジェクトでIBMデ

116 _____ 第4章　デザインによる企業改革

図9.
IBMデザイン
キャンプの様子

ザイン思考のフレームワークを試行して、成功事例をつくり出しました。続けて、戦略的に非常に重要な100のプロジェクトまで対象を広げていきました[3]。そしてこの100のプロジェクトを実施するメンバー全員が、製品開発チーム向けのIBMデザインキャンプに参加し、100のプロジェクトの部門の上位マネジメントが、エグゼクティブ・IBMデザインキャンプに参加するという形をとりました。

　まさに現在進行形で教育プログラムを受講する形になるのです。どんなに素晴らしい研修プログラムも、一つの大きな問題を抱えています。研修で学んだ内容を即座に実践で活かせる環境はそれほど多くないということです。ところがこの100のプロジェクトは、リアルな開発テーマを題材にIBMデザインキャンプを実施し、5日間の最後にはエグゼクティブに対して、その成果をプレイバックするという形になります。そして、IBMデザインキャンプを実施したIBM Studiosから現場に戻るとそこには、IBM Designから派遣されたデザイナーが、製品開発チー

117

ムとともに、**IBM**デザイン思考を用いて、コラボレーションしていくのです。やり方を学んで、すぐに使いながら試行錯誤を繰り返し、実際の製品に仕上げていく。その過程で**IBM**デザイン思考にも、さまざまな改良が付け加えられていくのです。そして、社内の誰でもデザイン思考を適用するプロジェクトの申請が可能です。主要なプロジェクトとして選ばれることにより、製品やサービスの開発を加速させることができるよう、すべての社員にその可能性が開かれているのです。

・クラウド・プラットフォーム開発プロジェクトの事例

　主要なプロジェクトの実際の進め方をみていきましょう。**IBM Bluemix**はクラウドベースの開発プラットフォームです（図10）。通常、アプリケーション開発は、組織の中でバラバラに存在するコンピューターリソースを利用して、開発を始めなければなりませんでした。これはある意味、アジャイル戦略をとる企業にとっては、悪夢ともいえる環境です。**IBM**はこれを解決するためにクラウド・プラットフォームの開発に乗り出しました。我々の最初の質問は「どうやったら開発者が、安全かつスケーラブルな環境を簡単かつ迅速に手にすることができ、競争優位をもたらすアイデアを簡単に開発できるのか？」というものでした。**Bluemix**のチームは、**IBM**デザイン思考のフレームワークを用いて、機能ではなく、ユーザーに焦点をあてました。インフラとしての機能にフォーカスするのではなく、ユーザーの仕事がどうすれば簡単になるのかを徹底的に考えました。

　フロントエンド・デベロッパー兼**UX**デザイナーのケビン・サトルはこう語ります。「我々は大企業の開発者、中堅企業の開発者、スタートアップの開発者、そして週末の開発者のためにデザインしました。このようにユーザーが多岐にわたる場合、『ユーザーを理解する』た

めに大変多くの時間がかかりますが、ユーザーを理解することをおろそかにしてはいけないのです」[4]。

インタビュー、ユーザビリティテスト、コンテクスチュアル・インクワイアリー、エクスペリエンス・マッピング、ヒューリスティック評価などのユーザー調査の結果をもとに、それぞれのユーザーを代表するペルソナとしてまとめました。そのペルソナに基づき、Bluemixの開発チームは、目標の丘を決定しました。

1. Bluemixを初めて知った後、30分以内にIBMとサードパーティーのAPIを駆使して開発を始められる
2. 開発オーナーは、開発に必要な機能をクレジットカードだけで購入することができる
3. Bluemixの開発プラットフォーム上で、セキュリティの担保された承認済みのAPIを発見でき、アプリに組み込むことができる

「デザイナー、開発者とプロダクト・マネージャーが緊密に協業することにより、意思決定のスピードが格段にあがった。誰もがチームがどこに向かっているのかを常に理解していて、結果として計画よりも非常に短い時間で開発が可能になった」とIBM Designのタルン・ガンワニが語っています[4]。デザイナーのジャロッド・ジョリンも「IBMデザイン思考のアプローチを適用することにより、製品開発チーム、エンジニア、デザイナー、マーケターが一つになり、コンセプト開発からデリバリーまで協力することができた」と語ります[4]。

目標の丘に向かって開発を進めていく中、何度もスポンサー・ユーザーに立ち戻りました。デザイン・リサーチからつくり上げたペルソナを開発の中のさらなる調査で修正しながらも、目標の丘への方向性を変えることなく進めていったのです。もちろん、実際の開発者やユーザー、あるいはIBMの企業クライアントに対してもプレイバッ

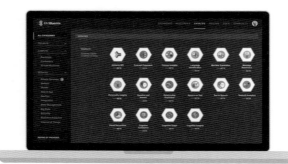

図10. IBM Bluemix

クという形で共有し、そこからフィードバックを得ることも忘れません。このような形でスタートしたBluemixは、非常に好調な滑り出しをみせ、予定よりも8か月も早く、その年の目標ユーザー数を獲得することに成功しました。

　このプロジェクトのメンバーは、あらゆる部門から参加していて、上司が同じ人は非常に少ないといった特殊な環境でした。しかも、世界中に分散しているにもかかわらず、同じ目標に向かってコラボレーションできました。とてもシンプルで強力なルールがありました。それは「素早く動け、フィードバックに耳を傾けろ」というものでした。このルールにみんなが従うことにより、1年近くも開発期間を短縮し、予想以上のユーザーを獲得することができたのです。

　デザイナーのジャレットは、リリース後もスポンサー・ユーザーやクライアントと会話を続け、新しい体験をデザインしています。「いまの形はある程度満足できるものだ。しかし、ユーザーにはもっとデライトフル・モーメント（喜びの瞬間）を届けたいんだ」と、さらなる改良に余念がありません[4]。まさにすべてはプロトタイプです。絶え間なく進化することへのループの次の段階へと進んでいるのです。

120 _____ 第4章　デザインによる企業改革

●デザイナーのキャリアパス

　IBM Designのデザイナーがさまざまな部門のメンバーとコラボレーションするためには、まだまだその人数が足りません。最終的にはデザイナー1人が、10人以下のエンジニアとコラボレーションする環境を確立するというのが目標です。そのために、IBM Designではデザイナー専門のリクルーティング・チームがさまざまなデザイン系の大学やキャリア採用を実施しています。

　デザイナーにとって、キャリアパスが明確であるというのは非常に重要です。IBMでは、デザインの専門分野をデザイン・リサーチ、UXデザイン、ビジュアル・デザイン、フロントエンド・エンジニアリング、インダストリアル・デザインの5つに分類しています。そして、それぞれの分野でデザイナーがステップアップしていくその基準を明確にしています。デザインの専門家としてのディスティングイッシュト・デザイナーになる道が用意されています。明確なキャリアパスを提示することにより、デザイナーがキャリアを積んでいきやすくなるようにしています。特筆すべきことは、デザイナーがエグゼクティブになるパスが明確になっている点です。このレベルまでデザイナーが到達できるということが明らかになっている企業というのは、あまり多くないのではないかと思います。

●顧客への適用

　IBMデザイン思考は、自社内で用いられるだけでなく、さまざまな企業でも使われています。IBMデザイン思考を用いたコンサルティングを行っているのが、IBMインタラクティブ・エクスペリエンスという部門です。これはグローバル・ビジネス・サービスの一部門で、戦略コンサルタント、デザイナー、エンジニア、アーキテクトからなるチー

121

ムで、顧客のイノベーションを支援しています。

IBMインタラクティブ・エクスペリエンスは、1996年のアトランタオリンピックのウェブサイトを手がけたのがその起源で、以後多くのクライアント企業にさまざまなデジタルとフィジカルの顧客体験のデザインを提供しています。CitibankのCiti Mobile® Life for Apple watchというアプリは、IBMデザイン思考とアジャイル開発を組み合わせ、ニューヨークのアスタープレイスにあるIBM Studiosで顧客チームとIBMチームが一緒にスクラムを組んで開発しました。また、四大テニス大会でも、ウェブ、モバイルそしてビッグデータを用いたデジタル体験をデザインし、実装しています。

顧客向けには、2日間のIBMデザインキャンプ、8〜12週間のIBMデザイン思考プロジェクトという形で、デジタルマーケティング、フィンテック（Fintech：Financial Technology）、モバイル、アナリティクス、IoT（Internet of Things：モノのインターネット）、などありとあらゆる内容をテーマとして、顧客中心にビジネスモデルを変革するためにデザイン思考を提供しています。

さて、次の5章ではこの章で述べたデザイン思考の枠組みを、現場でどのように実践していくのかということに焦点をしぼり、日本で実際に行われている事例をもとに詳しく解説します。さらに、事例を踏まえて、より一層優れた顧客体験を生み出すヒントについても考察します。

第5章

現場で活かすデザイン思考

IBMの思考とデザイン

1. 経営層の関心

　顧客体験への関心は現場レベルのみならず、経営層でも広まってきています。優れた顧客体験の創出は、マーケティングの最優先事項であるという認識もあります。まずは、調査データをもとにその実態を明らかにしていきたいと思います。

●CMOの視点

　IBMでは、約2年ごとに全世界の経営者にインタビューを行い、回答データを分析、重要な知見を「グローバル経営層スタディ」[1]としてまとめています。この調査の中のCMO（Chief Marketing Officer）を対象にしたレポートでは、50か国以上から723名のCMOが参加、うち日本からは79名の方が参加しています。そのレポートの中でCMOは、より優れた顧客体験の創出がマーケティングの最優先事項だと考えていることがわかりました（図1）。その優れた顧客体験の創出として、さらなるデジタルテクノロジーを活用し、従来のセグメンテーションによる顧客アプローチから、個々の顧客へのアプローチを強化することを推進するとしています（図2）。

　このように企業では、自らが既存のビジネスモデルや従来の慣習にとらわれることなく、新たな顧客層にアプローチし、より優れた顧客体験を創出することが最優先課題となっているのです。4章で触れた「すべての企業にとっての最も重要な成功の鍵は、カスタマーエクスペリエンスである」とジニー・ロメッティが語った背景もここにあります。多くの企業経営者が顧客体験の重要性を考えているのです。

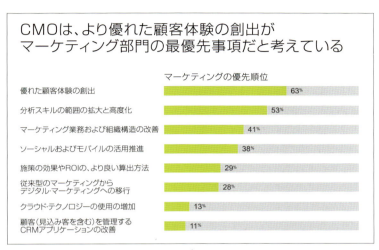

図1. CMOからみたマーケティングの優先順位[1]

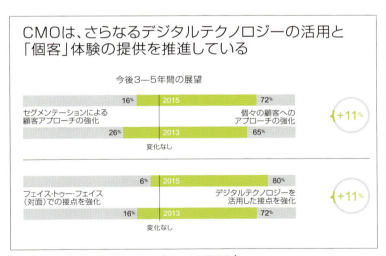

図2. CMOからみた「個客」へのアプローチの重要性[1]

2. デザイン思考の適用

　優れた顧客体験を創出する重要性が高まる中、より優れた顧客体験を創出するにはどうすればよいのでしょうか。ここではそのことを目的にデザイン思考を活用した航空会社と保険会社の2つの事例を紹介します。

●**航空会社におけるウェアラブル端末向けカウントダウンアプリケーションの事例**
　ある航空会社では、世の中で関心を集めていたウォッチ型ウェアラブル端末の発売に合わせて、カウントダウンアプリケーションのウェアラブル端末への対応を検討するプロジェクトがスタートしました[2]。カウントダウンアプリケーションとは、利用するフライトの出発までをカウントダウンするアプリケーションで、運航状況や搭乗口、空港では「搭乗準備中」「搭乗案内中」など搭乗のタイミングをリアルタイムで知らせるものです。
　ウェアラブル端末の発表と同時にカウントダウンアプリケーションをリリースし、アナウンスすることを目標としました。そこからスケジュールを逆算したところ、デザイン、開発、リリースを12週間でやり遂げなければならないというプロジェクトとなりました。プロジェクトメンバーには、航空会社からはIT企画部、WEB販売部などの数名、IBMからはコンサルタント、アーキテクト、デベロッパー、デザイナーが参画しました。
　ウェアラブル端末という新しいデバイスで使うアプリケーションであることから、従来のスマートフォンで動作するアプリケーションの設計方針にとらわれずに、改めてアプリケーションが利用されるシーンから、そのあるべき姿を考え直す必要がありました。新たな顧客体験からの検討、短期間での開発、リリースというプロジェクト状況から、これらに適したIBMデザイン思考とアジャイル開発を採用しました（p.110参照）。

126 _____ 第5章　現場で活かすデザイン思考

・カスタマージャーニーの作成

　最初にフライトの予約から搭乗までの一連の行動を整理し、時系列に各々の行動をカスタマージャーニーにまとめました。カスタマージャーニーとは顧客がある目的を達成するまでの行動、思考、感情などを時系列に整理したもので、利用者、利用の状況、利用の目的を整理することで、より良い顧客体験の設計に活かすための資料です。これを作成することで、さまざまな状況においてユーザーは何をしたいのか、どんな情報が知りたいのか、どんなときに困るのかを整理し、要件を抽出しました。

・デザイン案の検討

　プロジェクトでの会議は、クライアントとエージェンシーといった企業間や、企画部門と販売部門といった組織にとらわれることなく、自由闊達に議論が行われました。特に、アプリケーションの顔となる搭乗までのカウントダウンを表示する画面のデザインに関する議論に時間を割きました。当初デザイナーは、ウェアラブル端末を最初に購入すると思われるユーザー層、飛行機を頻繁に利用するユーザー層、航空会社（クライアント）のファンであるユーザー層を主なターゲットとして、デザイン案を作成しました。作成したデザイン案はスケッチレベルのものでペーパープロトタイプと呼ばれるものです。デザイン案に対してクライアントから大小さまざまなコメントがあり、その場でデザインを修正し、チームで確認しました。会議室を占拠して何時間もデザインを修正しては確認するという作業を繰り返しながら、デザインを詰めていきました。これはまさしく、4章でみた「終わりのないループ」のうちの一つの要素、「創作：つくりながら考える」といえます。

　ウェアラブル端末の特徴は、端末を身につけて使用し、素早く情報にアクセスできることです。一方で、画面が小さいため一画面に表示

127

図3. カウントダウンゲージのバリエーション

できる情報はわずかで、複雑な操作には適しません。こうした制約の中で、画面に表示する項目に優先順位をつけていきました。

　小さい画面に効率よく情報を表示するために優先度の高い情報は何か、その中で最も重要な情報である搭乗までの時間について直感的な表現は何か、ということを整理しました。特に搭乗10分前までのカウントダウンをどのように表現するのかを検討しました。そこで生まれたデザインは、時計の文字盤を連想させながら、カウントダウンの0地点である搭乗10分前を12時にセットするのではなく、1時の方向にセットすることで、10分前までのカウントダウンであることを表現するとともに、このゲージの傾きをアプリケーションのアイデンティティに昇華させました（図3）。

・さらなるデザイン案の検討
　このコンセプトは合意されたものの、当初想定したユーザー層だけで

なく、女性にもブランドを訴求したいという航空会社の思いから、女性が使いたくなるようなデザインは何かといった議論に発展しました。その基準はアプリケーションが発表された際に、女性を多くの読者層に持つファッション誌に掲載されても違和感のないデザインでした。ここでは航空会社の女性メンバーの意見を聞きながら、デザインを検討しました。その結果、当初想定したデザインに加え、女性が身につけたくなるようなデザインなど、複数のデザインが候補に挙がりました。

　そして、どのデザインにするのかで議論が分かれました。数日の間プロジェクトチームのメンバー全員がその解決策を探し続けました。そこで改めて、ウェアラブル端末の特性を考えました。端末メーカーでは、ウェアラブル端末を単なるデジタルガジェットとしてではなく、ファッションの一部になるものを目指していました。デザインは着せ替えができるように、さまざまな素材や色が選択できるように計画されていました。ここにヒントを得て、プロジェクトメンバー間での議論から、デザインを変更できるアプリケーションというアイデアを思い付きました。

　このアイデアを実現するにあたり課題となったのは、デザインを複数提供することに伴う開発作業の増大です。また、デザインの種類を増やすことでデータ量が大きくなりすぎることでした。デザイナー、アーキテクチャー、デベロッパーが議論を重ねながら、デザインの共通化を図り、カウントダウンの顔である搭乗までの時間を表すゲージのみを変更することにしました。

・ **実装とリリース**
　デザイン作業は、ペーパープロトタイプからコーディングされたプロトタイプへと、その解像度を徐々に上げていきました。コーディングが始まっても基本的な進め方は同じです。コーディングをしてはメンバー

図4.
カウントダウン
アプリケーション

で確認するという短いサイクルを繰り返し行いました。確認時には動作確認だけでなく、微妙な文字のサイズやレイアウト、アニメーションの動きなど、ユーザーにとってみやすいか、わかりやすいか、楽しいかといった観点で評価を行い、細部に至るまで調整を重ねていきました。

　この結果、当初の目的であったウェアラブル端末の発売日にこのアプリケーションをリリースすることができました（図4）。また、さまざまなメディアに掲載されパブリシティにも成功しました。

● 保険会社におけるタブレットを活用した販売支援システムのUXデザイン事例
　ある保険会社では、保険の募集プロセスと呼ばれる見込み客の発掘からニーズ把握、具体的な保険商品の推奨・説明、意向確認、契約成立までを行う一連のプロセスを変革する取組みを始めました[3]。その一環としてタブレット端末を活用した販売支援システムの構築を行いました。販売支援システムとは、従来の紙を使った保険の募集プロセスを電子化し、タブレット端末にて商品の説明から契約までを行うものです。

・現状と課題

　保険会社では、中期経営計画の中で「お客様目線で、最高品質の商品・サービスを提供する」を目指す姿の一つとして掲げ、その中で「ペーパーレス推進等、お客さまの利便性向上に資する募集プロセス改革の推進」という項目を挙げています。タブレット端末などを活用することで募集活動のプロセスを抜本的に見直し、業務効率の向上、販売力強化、業務品質の向上などを目指す取組みが始まりました。

　保険会社の販売チャネルは代理店経由がメインとなっており、代理店のスタッフと顧客とのやりとりには、紙のパンフレットや帳票類が活用されていました。その際の提案や手続きの準備負荷軽減、品質向上を実現させることは、紙のままでは困難であることから、タブレットPC販売支援システムの構築が求められていました。

・プロジェクトの概要

　タブレットPC販売支援システムの開発は、プロジェクトの準備から始まり、事務・業務の企画メンバー、システム開発メンバーによるプロジェクトチームの組成、システム概要をまとめるためのモックアップの作成へと進めていきました。その後、開発ベンダーを選定する際に、より詳細なデザインをある程度固めてからでないと開発ベンダーに見積りを依頼することが難しいと判断し、先にデザイン作業を進めることになりました。

　プロジェクトの目標は、システムの利用者である保険契約者にとっての利便性向上、販売代理店にとっての業務効率の向上、販売力強化、業務品質の向上です。したがって、利用者にとっての価値あるものをつくり出していくためのアプローチとしてIBMデザイン思考を導入し、その基本プロセスである人間中心のデザイン（HCD：Human Centered

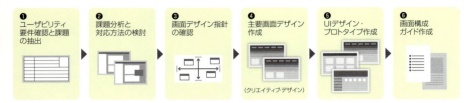

図5. HCDを活用したデザイン検討の6つのステップ

Design）に沿って進めることになりました。新たなメンバーとしてコンサルタント、デザイナー、フロントエンド・デベロッパーが参画しました。ここでは、「①ユーザビリティ要件確認と課題の抽出」「②課題分析と対応方法の検討」「③画面デザイン指針の確認」「④主要画面デザイン作成」「⑤UIデザイン・プロトタイプ作成」「⑥画面構成ガイド作成」の6つのステップを計画しました（図5）。

①ユーザビリティ要件確認と課題の抽出

ペルソナ手法に基づいてメインターゲットとなるユーザー像を詳細に描いたうえで、ヒューリスティック評価を用いて利用シナリオやシーンに応じて初期に検討されたモックアップを分析し、課題を抽出しました。ヒューリスティック評価とは、ユーザビリティの原則や専門家の知見に基づいて、使いやすさの観点からチェックを行い、抽出された問題点とその改善案について指摘を行なう評価手法です。

ユーザー像や利用シナリオを描いてわかったことの一つは、1台のタブレット端末を募集人、契約者、被保険者、親権者・後見人といった複数のユーザーが使用するということでした。募集プロセスの中では、募集人が行うもの、契約者が行うもの、被保険者が行うものが決まっていて、手順に応じて各ユーザーがタブレット端末を持ち変えて操作します。端末を持ち変えたときに、すぐに操作内容がわかること、誤ってほかのユーザーの操作を行わないようにすることがユーザビリティの重要な要件として抽出されました。

②課題分析と対応方法の検討

抽出した課題に対してその妥当性と重要性を判定し、重要度の高いものから順に対応方法を検討しました。例えば、操作を開始する画面に操作対象者を表示したり、操作対象者によって画面の色調を変えたりといったデザイン方針についてです。このデザイン方針に基づいて、ワイヤーフレームを作成、画面構成や画面遷移を検討しました。ワイヤーフレームとは、色などの装飾を排除し、見出し、リスト、ボタンといった要素が画面上どのように構成されるのかを描いたものです。

③画面デザイン指針の確認

どのような印象を利用者に持ってもらいたいのかを意識しながら、デザイン案を作成し、チームや社内で評価を行い、決定しました。デザイン案は「ダイナミックなイメージ」「落ち着いたイメージ」「パーソナルなイメージ」「ビジネスなイメージ」といったコンセプトをもとに作成します。

④主要画面デザイン作成

②で作成したワイヤーフレームに③で決定したデザインを適用しながら最終的な画面イメージを作成していきました。

⑤UIデザイン・プロトタイプ作成

④で作成した画面イメージをもとにUIデザイン・プロトタイプを作成しました。UIデザイン・プロトタイプとは画面のデザインや操作性、画面遷移などのみた目の動きを再現したプロトタイプです。検討中のデザインをいち早く画面上で再現して、文字やボタンのサイズ、項目を選択したり、入力したり、画面をスクロールしたりしたときの操作感を評価し、問題があれば再度デザインを検討したうえで、反映を繰り返しました。

⑥画面構成ガイド作成

これまでに検討を重ねたデザインの考え方やルールを画面構成ガイド

図6.
販売支援システムの
画面イメージ

として文書にまとめました。

　このようにHCDに基づくデザイン作業は、約12週間にわたって行われ、それをふまえて開発ベンダーの選定を実施し、本格的な開発作業が開始されました。その数か月後、ある程度動作するシステムが完成しました。そして実際のユーザーである代理店の方々に使ってもらったうえで意見を集約し、それを反映させる形でさらなる改修を加えました。これはIBMデザイン思考におけるスポンサー・ユーザーによる評価にあたります。

・プロジェクトの成果

　事務・業務企画の担当者は、「代理店の方々からは開発時には想定もしていなかったご意見をいただき、このシステムをリリースする前の意見集約は非常に有意義だったと思っています」とコメントしています[3]。またシステム担当者は、「初期のデザインがしっかりとつくられていたことで、要件定義の工程、外部設計の工程を本番に近い画面イメージをもとに進めることができ、ユーザー評価の結果に基づく改修（仕様の変更）は当初の想定の半分以下に抑えることができました」

と振り返っています[3]。

その後さらなるユーザー評価を繰り返しながら改修を重ね、システムが完成しました（図6）。タブレットを活用した販売支援システムを利用した申込手続きのペーパーレス化は、本格的な活用が開始されています。これにより大きなメリットが期待されています。

3. 事例からのまとめ

IBMデザイン思考を活用した2つの事例をみてきました。2つのプロジェクトの特徴を整理すると、1つ目の航空会社の事例は、コンシューマー向けのアプリケーションを対象としたプロジェクトで、プロジェクト期間は非常に短く、開発手法にアジャイル開発を採用しています。2つ目の保険会社の事例は、業務向けのアプリケーションを対象としたプロジェクトで、プロジェクト期間は非常に長く、開発手法にウォーターフォール型を採用しています。

2つのプロジェクトを、4章でみたIBMデザイン思考の3つの原理原則（ユーザーの成果に焦点をあてる、多彩なチームをつくる、絶え間なく進化する）にあてはめて整理してみます。

●ユーザーの成果に焦点をあてる

まずは、3つの原理原則の1つ目「ユーザーの成果に焦点をあてる」についてみてみます。航空会社の事例では、出発10分前までの残り時間をカウントダウン表示して、顧客が安心して買い物、食事、休憩する時間を提供することや、保安検査場、搭乗口での手続きの利便性向

135

上、そして旅のワクワク感の演出、これらをユーザーの成果としています。保険会社の事例では、保険契約者にとっての利便性向上、販売代理店にとっての業務効率の向上、販売力強化、業務品質の向上、これらをユーザーの成果としています。どちらの事例もプロジェクトの初期段階で対象ユーザーをしっかりと定義し、ユーザーにとっての成果に焦点をあてています。特に保険会社の事例では、保険契約者だけでなく、販売代理店の募集人についての成果にも焦点をあてています。そのサービスを利用するユーザーのタイプが複数であれば、それらすべてを対象ユーザーとして扱う必要があります。

●多彩なチームをつくる

2つ目の「多彩なチームをつくる」についてはどうでしょうか。どちらの事例も共通点がみられます。それは、企画担当者、システム担当者、コンサルタント、デザイナー、デベロッパーなどさまざまな専門性をもった多彩なメンバーでチームが構成されていること、そして素早く動ける体制であることです。チームをつくるうえで大切なことは、多様な専門性をもったメンバーが参画することだけではありません。お互いがお互いを尊重するチームをつくることがとても重要になります。この2つの事例が成功したポイントは、お互いの専門性を認めながら、意見を出し合い、目的に向かって議論し合える関係をつくることができたことによります。議論するときに重要なことは、大きな声に惑わされることなく、ユーザーの価値に焦点をあてて議論することにあります。

ここで、チームづくりにおけるちょっとした工夫を紹介します。例えばプロジェクトの体制図を表すときは、階層構造で表現するのではなく、一つのチームとしてフラットに表現したり、顔写真を並べたりします。会議のときに座る場所や位置についても同じことがいえます。

チームメンバーの誰もが意見を出し合う関係や場を意図的につくることも大切です。

●絶え間なく進化する

3つ目の「絶え間なく進化する」について整理します。どちらもプロトタイプを作成し、チームメンバーやスポンサー・ユーザーの意見を傾聴し、学び、修正を繰り返しています。航空会社の事例では、ペーパープロトタイプを作成してはプロジェクトメンバーで評価し、改善を繰り返しています。時にはペーパープロトタイプを使って社内でアンケートを実施しています。そしてペーパープロトタイプからコーディングされたプロトタイプへとデザインの精度を上げながら検討と評価を繰り返し行っています。保険会社の事例では、簡易なモックアップから評価を行い、ペーパープロトタイプや動きを再現した簡単なワーキングプロトタイプを作成し、実際のユーザーである代理店に足を運び、意見を聴きながら、検討と評価を繰り返し行っています。

このように、どちらのプロジェクトもデザイン思考の原理原則をおさえたものであることがわかります。一方で2つのプロジェクトの異なる部分に対して、どのようにデザイン思考を工夫し、適用しているのか整理してみましょう。

●デザインの対象—誰もがユーザー

2つのプロジェクトの主な違いは、デザイン対象、プロジェクト期間、そして開発手法です。まずは、デザイン対象について考えてみます。航空会社の事例では、コンシューマーを対象としています。保険会社の事例では、販売代理店の募集人と保険契約者の双方を対象としています。コンシューマーを対象とする航空会社の事例にはデザインが必要です。

137

一方、販売代理店の事例には業務向けのシステムであることから、デザインはそれほど重要ではないのではと思われるのではないでしょうか。

あるとき、クライアント企業にとって外向けのシステム、すなわちクライアント企業の顧客向けのシステムを使いやすく、魅力的なものにするために、デザインを依頼されたことがありました。その顧客向けのシステムを支える社内向けの業務システムのデザインはどうしますかと質問すると、「そこは顧客が目にするものではないから特にデザインは必要ありません」といわれました。多くのクライアント企業のコンサルティングを行っていると、このような話にはよく出会います。顧客向けのシステムのデザインを優先したいという考えはわかりますが、果たしてそれで良いのでしょうか。すべての企業にとって最も重要な成功の鍵は、カスタマーエクスペリエンスであるならば、企業の活動のすべてがより良い顧客体験を実現するためのものである必要があり、そこには直接顧客に接する部分、接しない部分といった区別はなくなるはずです。

例として、レストランでの体験を考えてみます。顧客との接点になるのは、料理、接客、そして店舗の内装や音楽などです。厨房や従業員の控え室は直接目に入るものではありません。しかし厨房が顧客に最高の料理を提供するために最適なつくりになっていなければ、料理の提供に時間がかかり、顧客体験に影響を与えてしまいます。従業員の控え室が快適でなければ、従業員は気持ち良く仕事ができず、接客の質は下がってしまうかもしれません。1章でエリオット・ノイズがデザインしたIBMセレクトリック・タイプライターを紹介しました。これは美しい赤色をしています。なぜ赤色なのでしょう。おそらく当時のタイプライターの利用者が、気持ち良く、楽しく仕事ができるような華やかなデザインにしたのではないでしょうか。

デザインは見た目だけではありません。人の役に立つものを考え、

138 ____ 第5章　現場で活かすデザイン思考

形にすることがデザインの本質です。より良い顧客体験を提供するために、目に触れるものだけではなく、すべてをデザインの対象としてとらえるのです。

● **プロジェクト期間──とにかくリスクを減らす**

次はプロジェクト期間について検証してみます。プロジェクトにはMVP（実用最小限の製品）のように最小限の機能で、いち早く市場に投入することを目的にしたものや、じっくりと考え全体を見据えながら、開発していくものもあります。建築に例えるなら、試行錯誤しながら売り場を改善していくような商業施設もあれば、駅や飛行場などしっかりとした計画のもとで設計し、建設されていくものもあります。

プロジェクト期間が長くても短くても、プロジェクトのリスクを最小限にすることの重要性は変わりません。プロジェクト期間が長いということは、それだけ大規模な製品やシステムを対象とし、より多くの投資を必要とします。投資に対するリスクをなるべく減らすためには、ユーザーの困りごとをきちんと把握し、それを解決するためのアイデアをみつけたら、すばやく形にして評価するのです。これをプロジェクトの早い段階から行うことが重要なのです。

先に紹介した「グローバル経営層スタディ」の中で、ヤマト運輸株式会社代表取締役社長の長尾裕氏は「新サービス開発のサイクルをもっと短くしたい。トレンドをキャッチしてから、すぐにプロトタイプを創り、お客様の声を活かして改良を重ねていく。そのような展開方法に見直していく」と語っています[1]。

● **開発手法──ウォーターフォール型開発にもデザイン思考を**

続いて、開発手法について考えてみます。代表的な開発手法として

139

ウォーターフォール型開発やアジャイル型開発が挙げられます。IBM
デザイン思考は、アジャイル型開発と親和性が高いとしましたが、アジャ
イル型開発だけでなくウォーターフォール型開発にも適用が可能です。

　アジャイル型開発にデザイン思考を取り入れた場合は、4章で述べた
ように、プロジェクトの初期にデザイン思考で得られたユーザーにとっ
ての価値を「目標の丘」として定め、ユーザーにとってのあるべき体験
をユーザーストーリーとしてまとめます。そのストーリーに優先順位を
つけ、優先度の高いものから順番に開発していきます。アジャイル型開
発の場合は、短い間隔で反復しながら開発が行われるので、そのたびに
評価をすることが可能です。こまめにつくっては評価することを繰り返
し行うことができます。したがって、リスクも最小限に抑えることがで
きます。

　では、ウォーターフォール型開発はどうでしょうか。ウォーターフォー
ル型開発では、先に要求仕様をしっかりと定義し、開発が開始された
後は、それを100％満たすように実装を進めます。基本的に仕様変更
はありません。したがって、評価できるタイミングは実装が終わった
後の単体テストや統合テスト、受入れ時のテストになってしまいます。
要求仕様の段階で、ユーザーにとって価値あるものとして仕様がきち
んと定まっていないと、大きな投資をして開発を進めても、後になっ
てそれを受け入れる現場で、こんなシステムは使えないということになっ
てしまいます。

　ウォーターフォール型開発にデザイン思考を取り入れる場合は、特に
要求仕様をつくるまでに注力し、スケッチやペーパープロトタイプなど
比較的な簡単なプロトタイプからはじめて、評価を繰り返しながら精度
を高めていきます。そして、最終的にはユーザーが、そのシステムが実
現したときの体験を検証できるような、なるべく精緻なプロトタイプを

作成して、しっかりと評価を行い、リスクを最大限に軽減してから開発を始めるのです。自動車のデザインに例えるなら、モーターショーに展示されているコンセプトカーのように、今にも走り出しそうな本物のクルマと見間違えるようなプロトタイプをつくって評価してみるのです。

4. 顧客起点のアプローチとしてのデザイン思考

　ここまで、顧客体験に関する経営層の関心の移り変わりをみた後、航空会社ならびに保険会社の事例とそれらの考察をしてきました。まとめに、これらの知見を活かして、より優れた顧客体験について考えてみます。

●より優れた顧客体験とは

　より優れた顧客体験とは何でしょうか。日常にあふれている製品やサービスの中には顧客へ配慮した素晴らしいモノやコトもたくさんありますが、中には顧客が不便に感じているモノやコトもたくさんあります。そんな不便や困りごとを解決することによってより優れた顧客体験が得られます。

　一方で、不満や不便のない製品やサービスを提供していても、ある日顧客がよそで素晴らしい体験をすると、顧客はその素晴らしい体験を基準としてほかの体験を評価するようになります。これまで不満や不便を感じていなかったことにも、素晴らしい体験を求めるようになるのです。

　飛躍的なテクノロジーの進歩によって数多くの優れたサービスが生まれています。また「マス」から「個」へのアプローチが可能になり、個々人に応じて最適な顧客体験が提供できるようになっています。この傾向は顕著で、求められる顧客体験も日々進歩しているのです。製品・サー

141

ビスを提供する側は常に顧客にとっての素晴らしい体験を追い続けなければならないのです。

●デジタルがあたり前

もう一つ大きな変化として挙げられるのはデジタルネイティブの台頭です。デジタルネイティブとは生まれながらにデジタル機器やインターネットが存在し、これらを日常的に駆使できる世代を指します。今後は市場の大きな割合を占めるようになっていきます。彼らは、いつでもどこでも簡単に使うことができる自分に合った便利なサービスを求めているため、企業などの提供側が彼らのニーズに対応していかないと、すぐに彼らの選択肢から漏れていくことになります。

●より優れた顧客体験を創出するには

それでは、より優れた顧客体験を創出するためにはどうすればよいのでしょうか。これは難しいようで、実はとてもシンプルなことかもしれません。それはビジネスの視点からではなく、また技術の視点からでもなく、顧客の視点からアプローチすることではないでしょうか。

観察を通じて、顧客の真のニーズを理解し、顧客にとって最も価値のあることを見極め、多様なメンバーで考えてはつくり、つくっては考えることを繰り返し行うのです。そのエッセンスが、デザイン思考の3つの原理原則、「ユーザーの成果に焦点をあてる」「多彩なチームをつくる」「絶え間なく進化する」なのです。

そして、単に製品やサービスをデザインの対象とするのではなく、顧客にとって役に立つものをつくるためのプロセス、チーム、そして場所をつくっていくこともまた、デザインなのです。何事も永遠にプロトタイプとし、常に思考をめぐらせることが重要だと認識することが、これからの時代は求められています。

終章

未来に向けて

IBMの思考とデザイン

1. 変わらないものと変わり続けるもの

●本質的な思想

本書では、IBMにおける思考、デザイン、ビジネスの歴史的変遷を鳥瞰してきました。経営の思想があり、ビジネスの戦略があり、その背後にはデザインがあります。

ワトソン・シニアの「THINK」という思想が、ワトソン・ジュニアの代で「最善の顧客サービス」「完全性の追求」「個人の尊重」という3つの信条として発展しました。サム・パルミサーノの時代には、社員との社内ソーシャルネットワークでの議論により、それが「お客様の成功に全力を尽くす」「私たち、そして世界に価値あるイノベーション」「あらゆる関係における信頼と一人ひとりの責任」という3つの価値として定義し直されました。社員が持つ価値観が、本質的にシニア、ジュニアの思想と変わっていないのですが、その表現がよりわかりやすい形になり、また意味合いも深まっていると思います。

そしてジニー・ロメッティが就任して、最も必要とされる存在（Be Essential）になりたいという大いなる目的が3つの価値観の上位概念として定義され、3つの価値はより具体的な9つの行動規範へと整理されました。IBMではこれを「1-3-9」すなわち、1つの目的、3つの価値、9つの行動規範として尊重しています。リッツ・カールトンがラインナップで卓越したサービスを語り合うのと同様に、「1-3-9」の社内サイトでは、9つの行動規範を体現した社員の体験が自発的に日々共有されています。本質的な核は変わらず、その表現が時代と合ったものに変わっていき、さらにその本質に関連する社員の実際の体験談が物語として語り継がれているのです。

●経営の思想とデザインの思想

　この経営の思想の変遷に呼応するかのようにデザインも変わってきています。エリオット・ノイズから始まった、コーポレート・デザイン・プログラム改革では、「デザインは機能や美しさはもちろん重要ではあるが、何よりも重要なのは人の役に立つことである」というワトソン・ジュニアの言葉に代表されるように、デザインが顧客をもてなすという意味で製品に反映され、オフィスの建物は社員をもてなすためにデザインされました。デザインは決して「色や形」だけを意味するものではなく、ポール・ランドがいうように「コンテンツとフォルムの関係」をデザインするという全体感を持つ思想であると理解されていきます。

　ルイス・ガースナーの時代には、ユーザー中心設計（UCD）として製品開発プロセスにおいて、ユーザーを観察し、ユーザーを中心として製品を開発するという形でデザインの思想が広がっていきます。チャールズ・イームズがいう「決してユーザーを理解することを人任せにするな」という思想です。パルミサーノの時代になると製品だけではなく、サービスも包含した、ユーザーエクスペリエンスをデザインするという思想に広がっていきます。そしてジニーの時代には、デザインをデザイナーのものから全社員に根付かせるというIBMデザイン思考へと展開していきます。これはまるで、卓越した顧客体験を社内ソーシャルネットワークで30万人近い社員が議論した結果つくり上げられた目的・価値・行動規範に呼応するかのようです。

　ビジネスにおける価値観を形成していく過程と、デザインが認識され、理解され、デザイナーから一般社員へと広がっていく様はまさに思考とビジネスとデザインがまるでDNAのらせん構造のようにぐるぐると回って進んでいくようです。デジタル化によってビジネス環境が大きく変化する今、デザイナーのためのデザイン思考からノンデザイナーも巻き込

145

んだデザイン思考が重要になってきているのも、ビジネスからの必然性なのではないかと思います。

2.　ノンデザイナーのためのデザイン思考

●デザインの誤解、デザイン思考の誤解

　最近、さまざまな顧客と接していて感じるのは、デザインという言葉を使わない方が良いのではないかということです。日本で企業の方々と話していてデザインという言葉を使うと、多くの方が「色や形」の話と理解することが多いのです。

　そして、デザインという言葉から子どものころの美術の授業などを思い出し「私にはデザインはわからない。だから私にはできない」と思われているのではないでしょうか。デザイン思考は、デザイナーが問題解決する際にどのような思考形態をとっているのか、解決策を模索する際にどのような手順を使っているのか、といったことを体系化したものです。そして体系化された手法の主な特徴は、「ユーザーを観察し、そこから気づきを得ること」「手と体を動かして試してみること」「多彩なメンバーがコラボレーションすること」の3つです。これだけをみれば、デザイナーでなくとも使いこなすことは可能です。多彩なメンバーの一員となり、自分の専門領域をベースにし、チームとしてデザイン思考の手法を使いこなせば良いのです。

　デジタル化が進んだ今の時代、デザイナーだけでデザイン思考を行うことは逆に難しいのです。ビジネス、デザイン、テクノロジーのそれぞれの専門家が集まることにより、ともすれば偏りがちになる視点を複眼

146＿＿＿＿＿終章　未来に向けて

的にするのです。そして手を動かしてプロトタイプしてみると、自分が思ったようにはユーザーは動かないということがよくわかります。デザイン思考は思考様式です。色や形をつくることができなくとも、思考の仕方を応用することは可能です。自分はデザインとは遠い世界にいる、と思う人もいるかもしれませんが、思考の仕方は誰でも使いこなすことができるのです。

　もう一つの誤解は、「デザイン思考とはワークショップのことである」というものです。確かにデザイン思考の教育プログラムとしてワークショップをよく使います。よく聞くのは、会社から派遣されてデザイン思考の教育ワークショップに参加して、勢い込んで会社に戻ってきて「あれは良かった、みんなでやろう」といっても、なかなか理解を得られず次第に熱が冷めていくということです。こうしたことが起こる背景には、教育プログラムでは、架空のテーマで実施しているという点と、そのプログラムに実際のプロジェクトメンバーが参加していないため、その熱が伝わりにくいということがあります。

　IBMがクライアントとデザイン思考を実施する際には、架空のテーマでの研修は行っていません。ビジネス上の実際の課題、実際の顧客の困りごとをどのように解決するかを真剣に議論するのです。そのために、クライアント企業の複数部門からそれぞれの専門家に参加していただいたうえで、IBMの専門家を追加することにより多様性を広げ、発想が広がるようにしています。奨励しているのは、6〜8名の複数部門から集まるチームを3チーム用意することです。24名ほどの顧客にお越しいただき、IBMデザインキャンプを実施します。そしてその後、12週間ほどかけて実際の製品またはサービスをプロトタイプしていくのです。1日や2日のワークショップだけで終わらせるのはもったいないと思いませんか。ある一定規模以上のメンバーが企業内に育つこと、かつ実践で使

147

うことにより、自分たちでその先を進めることができるようになります。絶え間なく進化するために、すべてはプロトタイプとして行う必要があるのです。

●デジタル時代こそユーザー体験

どのような方法論、手法も使いこなすためには日々使っていく必要があります。例えばスキーの教習本を読んで、わかった気になってスキー場に行き斜面に立つと、自分の体が思うように動かないことに気づくと思います。どんなことでも練習が必要です。4章でデザインによる企業改革の3つのポイントとして、人々（People）、手法（Practice）、場（Place）が必要であるという話に触れましたが、Practiceには手法という意味と練習という意味の両方があるのです。頭で理解し、日々練習し、初めて自分のツールとして使いこなすことができるのです。

デジタル革命が日進月歩で進んでいます。ウェアラブル、位置情報、IoT、クラウド、モバイル、コグニティブ・コンピューティング、VR（Virtual Reality：仮想現実）、AR（Augmented Reality：拡張現実）といったテクノロジーが日々新しく現れます。このようなテクノロジーによって、ユーザーインタラクションが大きく変わっていきます。スマートフォンが生まれたことにより、タッチスクリーンでの操作が一般的になりました。ジェスチャー、音声、視線、脳波コントロールなどさまざまな操作方法が研究され、実用化が進んでいます。ボタンからタッチスクリーンに操作方法の主流が変わったように、今後も新しい技術によってその主流は変わっていくでしょう。

そしてそこには形が伴わないことも多くなっていくはずです。つまり、デザインという言葉そのものが、色や形を超えた本来の体験へと大きく変わり始めています。テクノロジーが進めば進むほど、ユーザーの体験

148 ＿＿＿＿終章　未来に向けて

に焦点をあて、ユーザーの心に共感することがますます重要になっていくでしょう。そしてすべての顧客接点を統合的に設計し、より心地よい体験を提供することが企業にとっての最大の成功の鍵となっていくことは、想像に難くありません。より大きな広がりを持って顧客体験を創出していく、そのためのツールとして、IBMはデザイン思考を自らで試行し、つくり上げました。そしてそれを全社に行き渡らせるという長い旅路を終え、新たな旅立ちのときを迎えています。

●戦略の要としての顧客体験

個々の企業によって温度差があるかとは思いますが、顧客体験を戦略の中心に据える企業が増えています。例えばFortune 500のトップ125のうち、13社にデザイン・エグゼクティブがいるといわれています。これは顧客体験が、経営戦略の主要議題になり始めていることの一例です。日本でもマネックス証券代表取締役会長CEOの松本大氏が、CHO（カスタマー・ハピネス・オフィサー）に就任して「今再び、このお客様視点を徹底的に追究し、お客様中心主義、即ち創業来掲げてきた顧客主義を磨いて再強化したい。そういう思いで、自らをCHOに任命し、お客様視点の旗を振って行くことにしました」とブログで語っています[1]。

また、DeNA取締役会長の南場智子氏は、「Delight. ちょっと驚きを持った、ポジティブな驚きを持った喜びを感じてもらうようなこと」にこだわっているといい、ユーザー体験が戦略の中心と話しています[2]。トヨタ代表取締役社長の豊田章男氏もモーターショーで「What wows you? あなたの心を動かすものは何ですか？」と問いかけ「世界中のお客様にワオ（WOW）をお届けしたい。今回のモーターショーの車の共通点は、自分達のもっといいクルマを作りたい、という想いを胸

149

に自分たちの考える"WOW"を形にしようとしたことだ」と語っています[3]。

　多くの経営者が顧客のハピネス、デライト、ワオを企業戦略の中心に据えようとしています。こうした経営者の思考を実現するための重要なツールがデザイン思考といえるのではないでしょうか。言葉に違和感を覚えるならば、顧客体験思考と読み替えてみてもいいかもしれません。デザインとはユーザーが心地良い気持ちになれる顧客体験の設計であり、思考は顧客志向であり、またプロトタイプの試行でもあります。本質的にやるべきことは「多彩な人材のチームをつくり、顧客を観察し、そこから気づきを得て、手を動かして学習を繰り返し、顧客に役立つコトを生み出す」ことなのです。それが卓越した顧客体験を生み出すことにつながります。そして顧客体験の価値を磨き上げていくことこそが「Good design is good business」なのではないでしょうか。

引 用 文 献

序章

1　山崎和彦, ユーザーエクスペリエンスデザインとは, 日本 IBM Provision No.47, 2005.

第1章

1　「THINK（考えよ）」という文化
http://www-03.ibm.com/ibm/history/ibm100/jp/ja/icons/think_culture/

2　トーマス・J・ワットソン JR, 土居武夫訳, 企業よ信念をもて─IBM 発展の鍵, 竹内書店新社, 1963.

3　Thomas F. Schutte, ed. The art of design management, University of Pennsylvania Press, 1975.

4　Michael Kroeger, ポール・ランド、デザインの授業, ビー・エヌ・エヌ新社, 2008.

5　Stephen Heller, Paul Rand, Schmidt Hermann Verlag, 1999.

第2章

1　ルイス・V・ガースナー, 山岡洋一, 高遠裕子訳, 巨像も踊る, 日本経済新聞社, 2002.

2　山崎和彦, ユーザーエクスペリエンスデザインとは, 日本 IBM ProVision No.47/Fall 2005, 2005.

3　山崎和彦, 吉武良治, 松田美奈子, 使いやすさのためのデザイン─ユーザーセンタード・デザイン, 丸善, 2004.

4　D. A. ノーマン, 岡本明ら訳, 誰のためのデザイン? 増補・改訂版, 新曜社, 2015.

5　山崎和彦, 松原幸行, 竹内公啓, 人間中心設計入門, 近代科学社, 2016.

6　http://www.alessi.com/en/products/detail/rs08-todo-giant-grater

7　Richard Sapper, Richard Sapper. Werkzeuge fuer das Leben, Steidl Gerhard Verlag, 1999.

8　Steve Hamm, Richard Sapper: Fifty years at the Drawing Board, Bloomberg Businessweek, 2008/01/10.

第3章

1　企業よ, 信念をもて
http://www-03.ibm.com/ibm/history/ibm100/jp/ja/icons/bizbeliefs/

2　山崎和彦, 松原幸行, 竹内公啓, 人間中心設計入門, 近代科学社, 2016.

3　D. A. ノーマン, 岡本明ら訳, 誰のためのデザイン? 増補・改訂版, 新曜社, 2015.

4　山崎和彦, ユーザーエクスペリエンスデザインとは, 日本 IBM ProVision No.47/Fall 2005, 2005.

5 イームズ・デミトリオス, イームズのデザインの本質はモダンではなく, "もてなしの精神"でした, webDICE, 2013.
http://www.webdice.jp/dice/detail/3816/

6 Charles Eames, Ray Eames, A Computer Perspective, Harvard University Press, 1990.

7 Eames Demetrios, An Eames Primer: Revised Edition, Rizzoli, 2013.

8 Demetrios Eames, 泉川真紀監修, 助川晃自訳, イームズ入門, 日本文教出版, 2004.

9 柴田英喜, 横田祐介, 山崎和彦, パーソナライズド・サービスソリューション, 日本デザイン学会誌, デザイン学研究作品集, Vol.13, pp.52-57, 2008.

第4章

1 Steve Lohr, IBM's Design-Centered Strategy to Set Free the Squares, The New York Times, 2015/11/14.

2 http://www.ibm.com/design/thinking/

3 Allegra Burnette, Case Study: IBM Builds A Design-Driven Culture At Scale, Forrester, 2015/9/23.

4 Kieran Cannistra, Case study: IBM Bluemix, IBM Design Blog, 2014/7/17.

第5章

1 IBM—グローバル経営層スタディ
http://www-935.ibm.com/services/jp/ja/c-suite/
http://www-06.ibm.com/jp/press/2015/11/0401.html

2 JAL—Apple Watch用アプリケーション
https://www.jal.co.jp/k-tai/appli/countdown/applewatch/

3 導入事例:三井住友海上あいおい生命保険株式会社
http://www-03.ibm.com/software/businesscasestudies/jp/ja/
jirei?synkey=X011787K49492Z26

終章

1 松井大, 松井大のつぶやき, 2015/10/29.
http://ameblo.jp/monex-oki/entry-12089626628.html

2 馬場美由紀, DeNA南場智子氏が語った「経営会議より, UI/UXが大事」なぜ今デザインなのか?, リクナビNEXTジャーナル, 2015/11/30.
http://next.rikunabi.com/journal/entry/20151130_1

3 トヨタグローバルニュースルーム, 第44回東京モーターショー2015 プレスブリーフィング, 2015/10/28.
https://www.youtube.com/watch?v=GDDEPzYTDFk

著者紹介

山崎　和彦 (Kazuhiko Yamazaki)

千葉工業大学教授、Smile Experience Design Studio 代表、人間中心設計機構副理事長。京都工芸繊維大学卒業後、クリナップ工業、日本IBM ユーザーエクスペリエンス・デザインセンターマネージャー（技術理事）を経て現職。米国IBM社 Academy of Technology のメンバー、日本デザイン学会理事、グッドデザイン賞選定委員、経済産業省デザイン思考活用推進委員会座長など歴任。神戸芸術工科大学博士課程修了、博士（芸術工学）。著書に『使いやすさのためのデザイン』（共著、丸善出版）、『エクスペリエンス・ビジョン』（共著、丸善出版）などがある。本書では序章から3章までを執筆。

工藤　晶 (Akira Kudo)

IBMインタラクティブ・エクスペリエンス事業部長。慶應義塾大学卒業後、外資系コンサルティング会社を経て現職。IBM Studios Global Leadership Teamのメンバー、IBMグローバル・ビジネス・サービス部門において、多くの企業へのコンサルティングに従事、アジアパシフィックサプライチェーン本部長、エレクトロニクス事業部長、SAP事業部長など歴任。デザイナー、戦略コンサルタント、エンジニア、データサイエンティストの多彩なタレントからなるIBMインタラクティブ・エクスペリエンス事業を統括。本書では序章、4章、終章を執筆。

柴田　英喜 (Eiki Shibata)

IBMインタラクティブ・エクスペリエンス事業部デザインディレクター／マネージングコンサルタント。京都工芸繊維大学卒業後、日本IBM ユーザーエクスペリエンス・デザインセンターを経て現職。IBMグローバル・ビジネス・サービス部門において、多くの企業へのコンサルティングに従事、IBMデザイン思考の導入を始め、顧客体験のデザインプロジェクトに参画。グッドデザイン賞など受賞多数。人間中心設計機構評議委員、武蔵野美術大学非常勤講師。本書では5章を執筆。

カバー袖の写真

表紙側（上から順に）
IBMセレクトリック・タイプライター
「Eye-Bee-M」ポスター
マスマティカ展：数の世界…そしてその向こう

裏表紙側（上から順に）
IBM Studios Tokyo
観察での小さな疑問（？）がアイデア（！）に変わる
IBMデザインキャンプの様子

ブックデザイン：竹内 公啓（PUBLIX DESIGN）

IBMの思考とデザイン

平成 28 年 8 月 30 日　発　行

著作者　　山　崎　和　彦
　　　　　工　藤　　　晶
　　　　　柴　田　英　喜

発行者　　池　田　和　博

発行所　　丸善出版株式会社
　　　　　〒101-0051 東京都千代田区神田神保町二丁目17番
　　　　　編集：電話 (03) 3512-3266／FAX (03) 3512-3272
　　　　　営業：電話 (03) 3512-3256／FAX (03) 3512-3270
　　　　　http://pub.maruzen.co.jp/

© Kazuhiko Yamazaki, IBM Japan, 2016

印刷・富士美術印刷株式会社／製本・株式会社 松岳社

ISBN 978-4-621-30063-3　C 2033　　　　　Printed in Japan

JCOPY 〈(社)出版者著作権管理機構 委託出版物〉
本書の無断複写は著作権法上での例外を除き禁じられています．複写
される場合は，そのつど事前に，(社)出版者著作権管理機構（電話
03-3513-6969, FAX 03-3513-6979, e-mail：info@jcopy.or.jp）の許諾
を得てください．